计算机信息技术与大数据应用研究

王 群 罗军娜 侯 贺◎著

中国商务出版社

·北京·

图书在版编目（CIP）数据

计算机信息技术与大数据应用研究 / 王群，罗军娜，
侯贺著. -- 北京 : 中国商务出版社，2023.5
ISBN 978-7-5103-4670-5

Ⅰ．①计… Ⅱ．①王… ②罗… ③侯… Ⅲ．①电子计
算机－研究②数据处理－研究 Ⅳ．①TP3②TP274

中国国家版本馆CIP数据核字(2023)第080343号

计算机信息技术与大数据应用研究

JISUANJI XINXI JISHU YU DASHUJU YINGYONG YANJIU

王群　罗军娜　侯贺　著

出　　版：中国商务出版社

地　　址：北京市东城区安外东后巷28号　　邮　编：100710

责任部门：外语事业部（010-64283818）

责任编辑：李自满

直销客服：010-64283818

总 发 行：中国商务出版社发行部 （010-64208388　64515150 ）

网购零售：中国商务出版社淘宝店 （010-64286917）

网　　址：http://www.cctpress.com

网　　店：https://shop595663922.taobao.com

邮　　箱：347675974@qq.com

印　　刷：北京四海锦诚印刷技术有限公司

开　　本：787毫米×1092毫米　1/16

印　　张：13.75　　　　　　　　　　　字　数：284千字

版　　次：2024年4月第1版　　　　　　印　次：2024年4月第1次印刷

书　　号：ISBN 978-7-5103-4670-5

定　　价：70.00元

前　言

随着信息时代的发展，每个人的生活和工作几乎都与计算机密切相关。在速度越来越快的计算机硬件和日益更新的软件背后，网络作为中枢神经把人们联系在一起。也正是因为网络的出现与发展，使 Internet 为主要标志的网络技术构成了现代文化的重要组成部分，联系上亿人的 Internet 将人们带入一个新的网络时代。

计算机网络是当今计算机科学与工程中迅速发展的新兴技术，也是计算机应用中的一个空前活跃的领域。计算机网络是计算机技术与通信技术相互渗透、密切结合而形成的交叉科学。目前，计算机网络技术已广泛应用于办公自动化、企业管理、金融与商业电子化、军事、科研与教育、信息服务、医疗卫生等领域。Internet 技术发展迅速，全球性信息高速公路建设的浪潮正在兴起，人们已经意识到，计算机网络正在改变着人们的工作与生活方式，网络与通信技术已经成为影响一个国家与地区经济、科学与文化发展的重要因素之一。

为了降低计算机信息网络所面临的安全风险，我们必须采取相应的技术手段，保护网络设备和程序数据。计算机网络信息安全及防护，属于计算机网络的一项辅助技术，正是因为存在这样的网络技术，用户在对计算机网络进行使用时才能够保证相关的网络信息不被窃取，然而，由于现今科技的不断发达，越来越多的不法分子利用网络进行信息窃取，进而达到犯罪目的，所以，针对计算机网络安全及防护技术的研究与升级，已经刻不容缓。

在本书的编写过程中，我们参阅并引用了国内外学者的有关著作和论述，并从中受到了启迪，特向他们表示诚挚的谢意。由于我们知识与经验的局限性，书中的错误和疏漏之处在所难免，恳请广大读者提出宝贵意见和建议，以使我们的学术水平不断提升。

目　录

第一章 计算机技术概述

第一节 计算机概念与组成

一、计算机的基本概念

随着计算机和信息技术的飞速发展，计算机应用日益普及。计算机被称为"智力工具"，因为计算机能极大地提高人们完成工作的能力和效率。计算机擅长执行快速计算、信息处理以及自动控制等工作。虽然人类也能做这些事情，但计算机可以做得更快、更精确，使用计算机可以让人类更具创造力。有效使用计算机的关键是要知道计算机能做什么、计算机如何工作，以及如何使用计算机。本章将讨论计算机的基本概念，初步了解计算机的工作原理，从而为后面的学习奠定基础。

（一）计算机的发展

世界上第一台电子计算机 ENIAC 诞生于 1946 年美国宾夕法尼亚州立大学。虽然从外观上看它是个庞然大物，就其性能上却远逊于现在的微型计算机（PC），但这并不影响它成为 20 世纪科学技术发展进程中最卓越的成就之一。它的出现为人类社会进入信息时代奠定了坚实的基础，有力地推动了其他科学技术的发展，对人类社会的进步产生了极其深远的影响。

20 世纪 40 年代中期，冯·诺依曼（1903—1957）参加了宾夕法尼亚大学的小组，1945 年设计电子离散可变自动计算机（Electronic Discrete Variable Automatic Computer，EDVAC），将程序和数据以相同的格式一起存储在存储器中。这使得计算机可以在任意点暂停或继续工作，机器结构的关键部分是中央处理器，它使计算机所有功能通过单一的资源统一起来。

1946 年，美国物理学家莫奇利任总设计师和他的学生埃克特成功研制了世界上第一台电子管计算机 ENIAC。

今天，计算机应用已经融入社会的各行各业和人们生活的方方面面，在人类社会变革中起到了无可替代的作用。从农业社会末期，到工业社会的过渡，以及当今的信息化社会，计算机技术的应用正一点点改变人们传统的学习、工作和生活方式，推动社会的飞速发展和文明程度提高。

计算机的发展历史按其结构采用的主要电子元器件，一般分成 4 个时代。

1. 第一代计算机

这个时期的计算机，主要采用电子管作为其逻辑元件，它装有 18 000 余只电子管和大量的电阻、电容，内存仅几 KB。数据表示多为定点数，采用机器语言和汇编语言编写程序，运算速度大约每秒 5000 次加法或者 400 次乘法。首次用电子线路实现运算。

2. 第二代计算机

这个时期的计算机的基本特征是采用晶体管作为主要元器件，取代了电子管。内存采用了磁芯存储器，外部存储器采用了多种规格型号的磁盘和磁带，外设方面也有了很大的发展。此间计算机的运算速度提高了 10 倍，体积缩小为原来的 1/10，成本降低为原来的 1/10，同时计算机软件有了重大发展，出现了 FORTRAN、COBOL、ALGOL 等多种高级计算机编程语言。

3. 第三代计算机

随着半导体物理技术的发展，出现了集成电路芯片技术，在几平方毫米的半导体芯片上可以集成几百个电子元器件，小规模集成电路作为第三代电子计算机的重要特征，同时也催生了电子工业的飞速发展。第三代电子计算机的杰出代表有美国 IBM 公司 1964 年推出的 IBM S/360 计算机。

4. 第四代计算机

进入 20 世纪 70 年代，计算机的逻辑元器件采用超大规模集成电路技术，器件集成度得到大幅提升，运算速度达到每秒上百亿次浮点运算。集成度很高的半导体存储器取代了以往的磁芯存储器。此间，操作系统不断完善，应用软件的开发成为现代工业的一部分；计算机应用和更新的速度更加迅猛，产品覆盖各类机型；计算机的发展进入了以计算机网络为特征的时代，此时的计算机才真正快速进入社会生活的各个层面。

（二）微型计算机的发展

微型计算机是第四代计算机的典型代表。电子计算机按体积大小可以分为巨型机、大型机、中型机、小型机和微型机，这不仅是体积上的简单划分，更重要的是其组成结构、运算速度和存储容量上的划分。

随着半导体集成技术的迅速发展，大规模和超大规模集成电路的应用，出现了微处理器（Central Processing Unit，CPU）、大容量半导体存储器芯片和各种通用的或可专用的可编程接口电路，诞生了新一代的电子计算机——微型计算机，也称为个人计算机（Personal Computer，PC）。微型计算机再加上各种外部设备和系统软件，就形成了微型计算机系统。

微型计算机具有体积小、价格低、使用方便、可靠性高等优点，因此广泛用于国防、工农业生产和商业管理等领域，给人们的生活带来了深刻的变革。微型计算机的发展大体上经历了以下几个过程。

1. 霍夫和 Intel

1971 年 1 月，Intel 公司的霍夫成功研制世界上第一块 4 位微处理器芯片 Intel 4004，标志着第一代微处理器问世，微处理器和微机时代从此开始。

2. 8 位微处理器 8080

1973 年该公司又成功研制了 8 位微处理器 8080，随后其他许多公司竞相推出微处理器、微型计算机产品。1975 年 4 月，MITS 发布第一个通用型 Altair8800，售价 375 美元，带有 1KB 存储器，这是世界上第一台微型计算机。

3. Apple II 计算机

1977 年美国 Apple 公司推出了著名的 Apple II 计算机，它采用 8 位的微处理器，是一种被广泛应用的微型计算机，开创了微型计算机的新时代。

4. IBM 与 PC

20 世纪 80 年代初，当时世界上最大的计算机制造公司——美国 IBM 公司推出了名为 IBM PC 的微型计算机。PC 是英文 Personal Computer 的缩写，翻译成中文就是"个人计算机"或"个人电脑"，因此人们通常把微型计算机叫作 PC 或个人电脑。

5. PC 之父

IBM 微电脑技术总设计师埃斯特利奇（Don Estridge）负责整个跳棋计划的执行，他的天才和辛勤工作直接推动了 IBM PC 时代的到来，因此，他被后人尊称为"PC 之父"。不幸的是，4 年后"PC 之父"因乘坐的班机遭台风袭击而英年早逝，没能够目睹他所开创的辉煌事业。

1981 年 IBM 公司基于 Intel 8088 芯片推出的 IBM PC 计算机以其优良的性能、低廉的价格以及技术上的优势迅速占领市场，使微型计算机进入一个迅速发展的实用时期。

世界上生产微处理器的公司主要有 Intel、AMD、Cyrix、IBM 等，美国的 Intel 公司是推动微型计算机发展最为显著的微处理公司。在短短的十几年内，微型计算机经历了从 8 位到 16 位、32 位再到 64 位的发展过程。

当前计算机技术正朝着巨型化、微型化、网络化、智能化、多功能化和多媒体化的不同方向发展。

（三）计算机的分类

计算机的种类很多，而且分类的方法也很多。专业人员一直采用较权威的分法，例如用 I 代表"指令流"、用 D 代表"数据流"、用 S 表示"单"，用 M 表示"多"。于是就可以把系统分成 SISD、SIMD、MISD、MIMD 四种。根据计算机分类的演变过程和近期可能的发展趋势，国外通常把计算机分为六大类。

1. 超级计算机或称巨型机

超级计算机通常是指最大、最快、最贵的计算机。例如，目前世界上运行最快的超级计算机速度为每秒 1704 亿次浮点运算。生产巨型机的公司有美国的 Cray 公司、TMC 公司，日本的富士通公司、日立公司等。我国研制的银河机也属于巨型机，银河 1 号计算机运算速度是 1 亿次/秒，而银河 2 号计算机运算速度是 11 亿次/秒。

2. 小超级机或称小巨型机

小超级机又称桌上型超级电脑，该设计者试图将巨型机缩小成个人计算机的大小，或者使个人计算机具有超级计算机的性能。典型产品有美国 Convex 公司的 C-1、C-2、C-3 等，Alliant 公司的 FX 系列等。

3. 大型主机

大型主机包括通常所说的大、中型计算机。这是在微型机出现之前最主要的计算模式，大型主机经历了批处理阶段、分时处理阶段、分散处理与集中管理的阶段。IBM 公司一直在大型主机市场处于霸主地位，DEC、富士通、日立、NEC 也生产大型主机。不过随着微机与网络的迅速发展，大型主机正在走下坡路，许多计算中心的大机器正在被高档微机群取代。

4. 小型机

由于大型主机价格昂贵，操作复杂，只有大企业大单位才买得起。在集成电路推动下，20 世纪 60 年代 DEC 推出一系列小型机，如 PDP-11 系列、VAX-11 系列；HP 有

1000、3000 系列等。通常小型机用于部门计算，同样它也受到高档微机的挑战。

5．工作站

工作站与高档微机之间的界限并不十分明确，而且高性能工作站接近小型机，甚至接近低端主机。但是，工作站毕竟有它明显的特征：使用大屏幕、高分辨率的显示器，有大容量的内外存储器，而且大都具有网络功能。其用途也比较特殊，例如用于计算机辅助设计、图像处理、软件工程及大型控制中心。

6．服务器

服务器，也称伺服器，是网络环境中的高性能计算机，它侦听网络上的其他计算机（客户机）提交的服务请求，并提供相应的服务，为此，服务器必须具有承担服务并且保障服务的能力。

服务器的高性能主要体现在高速度的运算能力、长时间的可靠运行、强大的外部数据吞吐能力等方面。服务器的构成与微机基本相似，有处理器、硬盘、内存、系统总线等，它们是针对具体的网络应用特别制定的，因而服务器与微机在处理能力、稳定性、可靠性、安全性、可扩展性、可管理性等方面存在很大差异。一个管理资源并为用户提供服务的计算机软件，通常分为文件服务器（能使用户在其他计算机访问文件）、数据库服务器和应用程序服务器。服务器是网站的灵魂，是打开网站的必要载体，没有服务器的网站用户无法浏览。

7．个人计算机

个人计算机一般也称微型机，是目前发展最快的计算机应用领域。根据它所使用的微处理器的不同分为若干类型：首先是使用 Intel 386、486 以及奔腾 CPU 等的 IBM PC 及其兼容机；其次是使用 Apple-Motorola 联合研制的 PowerPC，2010 年 6 月，Intel 发布革命性的处理器——第二代 Core i3/i5/i7。第二代 Core i3/i5/i7 属于第二代智能酷睿家族，全部基于全新的 Sandy Bridge 微架构，相比于第一代产品主要带来 5 点重要革新：①采用全新32nm 的 Sandy Bridge 微架构，更低功耗、更强性能；②内置高性能 GPU（核芯显卡），视频编码、图形性能更强；③音频加速技术 2.0，更智能、更高效；④引入全新环形架构，带来更高带宽与更低延迟；⑤全新的 AVX、AES 指令集，加强浮点运算与加密解密运算。2012 年 4 月 24 日下午，在北京天文馆 Intel 正式发布了 IVB 处理器。22nm Ivy Bridge 将执行单元的数量翻一番，达到最多 24 个，自然会带来性能上的进一步跃进。Ivy Bridge 会加入对 DX11 支持的集成显卡。另外新加入的 XHCI USB 3.0 控制器则共享其中 4 条通道，从而提供最多 4 个 USB 3.0，因而支持原生 USB 3.0。CPU 的制作采用 3D 晶体管技术，耗电量会减少一半。

8. 专用计算机

专用计算机是为某种特定目的而设计的计算机，如用于数控机床、轧钢控制的计算机，生物计算机、光子计算机、量子计算机、分子计算机和单电子计算机等。专用计算机针对性强、效率高，结构比通用计算机简单。

9. 模块化计算机

计算机技术的发展过程中，计算机通用模块化设计起了决定性的推动作用。不但在内置板卡中实现模块化，甚至可以提供多个外接插槽，以供用户加入新的模块，增加性能或功能，使用起来和现在笔记本中的 PCMICA 有点接近。

这种插槽将采用 PCI Express 接口技术，PCI Express 具有高性能、高扩展性、高可靠性、很好的可升级性以及低花费的特点，它必然取代现在的 PCI 总线，同时利用它的热插拔原理可以设计出模块化的概念机。当我们需要哪一个功能时，只需要把提供该功能的模块加到计算机上，就能提供该功能，无须关机，就像现在使用 USB 设备一样方便。也许未来的计算机将是一个密封设备，所有外设都将通过 USB 或其他外部接口连接，计算机板卡也通过 PCI Express 总线，从而支持热插拔。

（四）计算机系统的主要特点和用途

目前，计算机已成为人类文明必需的文化内容，它与传统的语言、基础数学一样重要。对计算机技术的了解和掌握程度是衡量一个人科学素养的重要指标之一，计算机的主要特点如下。

1. 快速的运算能力

计算机的工作基于电子脉冲电路原理，由电子线路构成其各个功能部件，其中电场的传播扮演主要角色。我们知道电磁场传播的速度是很快的，现在高性能计算机每秒能进行几百亿次以上的加法运算。如果一个人在一秒钟内能做一次运算，那么一般的电子计算机一小时的工作量，一个人得做 100 多年。很多场合下，运算速度起决定作用。例如，计算机控制导航，要求"运算速度比飞机飞得还快"；气象预报要分析大量资料，如用手工计算需要 10 天，甚至半个月，失去了预报的意义。而用计算机，几分钟就能算出一个地区数天内的气象预报。

2. 超强的记忆能力

计算机中有许多存储单元用以记忆信息。内部记忆能力是电子计算机和其他计算工具的一个重要区别。由于具有内部记忆信息的能力，在运算过程中就可以不必每次都从外部去取数据，而只须事先将数据输入内部的存储单元中，运算时即可直接从存储单元中获得数据，从而大大提高了运算速度。计算机存储器的容量可以做得很大，而且它的"记忆力"特别强。

3. 足够高的计算精度

电子计算机的计算精度在理论上不受限制，一般的计算机均能达到 15 位有效数字，通过一定的技术手段，可以实现任何精度要求。历史上有个著名数学家，曾经为计算圆周率，整整花了 15 年时间，才算到第 707 位。现在将这件事交给计算机做，几个小时内就可计算到 10 万位。

4. 复杂的逻辑判断能力

计算机的运算器除了能够完成基本的算术运算外，还具有进行比较、判断等逻辑运算的功能。这种能力是计算机处理逻辑推理问题的前提。借助逻辑运算，可以让计算机做出逻辑判断，分析命题是否成立，并可根据命题成立与否做出相应的对策。例如，数学中有个"四色问题"，说是不论多么复杂的地图，使相邻区域颜色不同，最多只需四种颜色就够了。

5. 通用性强

由于计算机的工作方式是将程序和数据先存放在计算机内，工作时按程序规定的操作，一步一步地自动完成，一般无须人工干预，因而自动化程度高。这一特点是一般计算工具所不具备的。计算机通用性的特点表现在几乎能求解自然科学和社会科学中一切类型的问题，能广泛地应用在各个领域。

目前计算机的应用领域已渗透到社会的各行各业，正在改变着人们传统的工作、学习和生活方式，推动着社会的发展。

计算机作为一种人类大脑思维的延伸与模拟工具，它的逻辑推理能力、智能化处理能力可以帮助人类进一步拓宽思维空间。而其高速的运算能力和大容量的存储能力又恰恰弥补了人类在这些方面的不足。人们通过某种计算机语言向计算机下达某些指令，可以使计算机完成人类自身可想而不能做到的事情，计算机的应用又将为人类社会的发展和进步开辟全新的研究领域，创造更多的物质和精神财富。例如，互联网、物联网、电子邮件、远程访问、虚拟现实技术、云计算、大数据等彻底改变了人类的交流方式，拓宽了人类生活和研究的交流空间，丰富了人类的文化生活。计算机的主要应用归纳起来可以分为以下几个主要方面：

（1）科学计算

科学计算（Scientific Computing）也称为数值计算，主要解决科学研究和工程技术中提出的数值计算问题。这是计算机最初的也是最重要的应用领域。随着科学技术的发展，各个应用领域的科学计算问题日趋复杂，人们不得不更加依赖计算机解决计算问题，如计算天体的运动轨迹、处理石油勘探数据和天气预报数据、求解大型方程组等都需要借助计算机完成。科学计算的特点是计算量大、数据变化范围广。

（2）数据处理

数据处理（Date Processing）是指对大量的数据进行加工处理，如收集、存储、传送、分类、检测、排序、统计和输出等，从中筛选出有用信息。与科学计算不同，数据处理中的数据虽然量大，但计算方法简单。数据处理也是计算机的一个重要且应用广泛的领域，如电子商务系统、图书情报检索系统、医院信息系统、生产管理系统和酒店事务管理系统等。

（3）过程控制

过程控制（Process Control）又称实时控制，指用计算机实时采集被控制对象的数据（有时是非数值量），对采集的对象进行分析处理后，按被控制对象的系统要求对其进行精确的控制。

工业生产领域的过程控制是实现工业生产自动化的重要手段。利用计算机代替人对生产过程进行监视和控制，可以提高产品的数量和质量，减轻劳动者的劳动强度，保障劳动者的人身安全，节约能源、原材料，降低生产成本，从而提高劳动生产率。

交通运输、航空航天领域应用过程控制系统更为广泛，铁路车辆调度、民航飞机起降、火箭发射及飞行轨迹的实时控制都离不开计算机系统的过程控制。

（4）计算机辅助系统

计算机辅助系统（Computer Aided System）包括计算机辅助设计（Computer Aided Design，CAD）、计算机辅助制造（Computer Aided Manufacturing，CAM）和计算机辅助教学（Computer Aided Instruction，CAI）。

计算机辅助设计是指利用计算机辅助人们进行设计。由于计算机具有高速的运算能力及图形处理能力，使 CAD 技术得到广泛应用，如建筑设计、机械设计、集成电路设计和服装设计等领域都有相应的计算机辅助设计 CAD 系统软件的应用。采用计算机辅助设计后，大大减轻了相应领域设计人员的劳动强度，提高了设计速度和设计质量。

计算机辅助教学是指利用计算机帮助老师教学，指导学生学习的计算机软件。目前国内外 CAI 教学软件比比皆是，尤其是近年来计算机多媒体技术和网络技术的飞速发展，网络 CAI 教学软件如雨后春笋，交相辉映。网络教育得到了快速发展，并取得巨大成功。

（5）人工智能

人工智能（Artificial Intelligence）是指用计算机模拟人类的演绎推理和决策等智能活动。在计算机中存储一些定理和推理规则，设计程序让计算机自动探索解题方法和推导出结论是人工智能领域的基本方法。人工智能领域的应用成果非常广泛，例如，模拟医学专家的经验对某一类疾病进行诊断、具有低等智力的机器人、计算机与人类进行棋类对弈、数学中的符号积分和几何定理证明等。

（6）计算机网络

计算机网络（Computer Network）是指将地理位置不同的具有独立功能的多台计算机及其外部设备，通过通信线路连接起来，在网络操作系统、网络管理软件及网络通信协议的管理和协调下，实现资源共享和信息传递的计算机系统。除了传统的局域网、广域网和互联网外，目前较为流行和应用广泛的网络形态还有物联网和"互联网+"。前者是新一代信息技术的重要组成部分，也是"信息化"时代的重要发展阶段。物联网就是物物相连的互联网。这有两层意思：其一，物联网的核心和基础仍然是互联网，是在互联网基础上的延伸和扩展的网络；其二，其用户端延伸和扩展到了任何物品与物品之间进行信息交换和通信，也就是物物相息。后者（"互联网+"）是知识社会创新 2.0 推动下的互联网形态演进及其催生的经济社会发展新形态。"互联网+"是互联网思维的进一步实践成果，推动经济形态不断地发生演变，从而带动社会经济实体的生命力，为改革、创新、发展提供广阔的网络平台。通俗来说，"互联网+"就是"互联网+各个传统行业"，但这并不是简单的两者相加，而是利用信息通信技术以及互联网平台，让互联网与传统行业进行深度融合，创造新的发展生态。

（7）多媒体计算机系统

多媒体计算机系统（Multimedia Computer System）是利用计算机的数字化技术和人机交互技术，将文字、声音、图形、图像、音频、视频和动画等集成处理，提供多种信息表现形式。这一技术被广泛应用于电子出版、教学和休闲娱乐等方面。

（8）虚拟现实技术

虚拟现实技术（Virtual Reality，VR）是计算技术、人工智能、传感与测量、仿真技术等多学科交叉融合的结晶。VR 一直在快速地发展，并在军事仿真、虚拟设计与先进制造、能源开采、城市规划与三维地理信息系统、生物医学仿真培训和游戏开发等领域显示出巨大的经济和社会效益。虚拟现实技术与网络、多媒体并称为 21 世纪最具应用前景的三大技术，在不久的将来它将与网络一样彻底改变我们的生活方式。

计算机信息技术与大数据应用研究

（9）增强现实

增强现实（Augmented Reality，AR）是一种实时地计算摄影机影像的位置及角度并加上相应图像的技术，这种技术的目标是在屏幕上把虚拟世界套在现实世界并进行互动。增强现实技术是将真实世界信息和虚拟世界信息"无缝"集成的新技术，是把原本在现实世界的一定时间空间范围内很难体验到的实体信息（视觉信息、声音、味道、触觉等），通过计算机等科学技术，模拟仿真后再叠加，将虚拟的信息应用到真实世界，被人类感官所感知，从而达到超越现实的感官体验。真实的环境和虚拟的物体实时地叠加到了同一个画面或空间同时存在。

（10）云计算

云计算（Cloud Computing）是一种基于互联网的计算方式，通过这种方式，共享的软硬件资源和信息可以按需求提供给计算机和其他设备。云计算描述了一种基于互联网的新的 IT 服务增加、使用和交付模式，通常涉及通过互联网来提供动态易扩展而且经常是虚拟化的资源。

云计算依赖资源的共享以实现规模经济，类似基础设施（如电力网）。服务提供者集成大量的资源供多个用户使用，用户可以轻易地请求（租借）更多资源，并随时调整使用量，将不需要的资源释放回整个架构，因此用户不需要因为短暂尖峰的需求就购买大量的资源，仅须提升租借量，需求降低时便退租。服务提供者得以将目前无人租用的资源重新租给其他用户，甚至依照整体的需求量调整租金。云计算服务应该具备以下几条特征：随需应变的自助服务，可随时随地用任何网络设备访问，多人共享资源池，快速重新部署灵活度，可被监控与量测的服务。一般认为还有如下特征：基于虚拟化技术快速部署资源或获得服务，减少用户终端的处理负担，降低了用户对于 IT 专业知识的依赖。

（11）大数据

大数据（Big Data）是继云计算、物联网之后 IT 产业又一次颠覆性的技术变革。当今信息时代所产生的数据量已经大到无法用传统的工具进行采集、存储、管理与分析。大数据是指需要新处理模式才能具有更强的决策力、洞察发现力和流程优化能力的海量、高增长率和多样化的信息资产。它的数据规模和传输速度要求很高，或者其结构不适合原本的数据库系统。为了获取大数据中的价值，我们必须选择另一种方式来处理它。数据中隐藏着有价值的模式和信息，在以往需要相当的时间和成本才能提取这些信息。如沃尔玛或谷歌这类领先企业都要付高昂的代价才能从大数据中挖掘信息。而当今的各种资源，如硬件、云架构和开源软件使得大数据的处理更为方便和廉价，即使是在车库中创业的公司也可以用较低的价格租用云服务时间了。

对于企业组织来讲，大数据的价值体现在两个方面：分析使用和二次开发。对大数据进行分析能揭示隐藏其中的信息，例如零售业中对门店销售、地理和社会信息的分析能提升对客户的理解。对大数据的二次开发则是那些成功的网络公司的长项，例如 Facebook 通过结合大量用户信息，定制出高度个性化的用户体验，并创造出一种新的广告模式。

大数据除了在经济方面，同时也能在政治、文化等方面产生深远的影响，大数据可以帮助人们开启循"数"管理的模式，也是当下"大社会"的集中体现，三分技术，七分数据，得数据者得天下。

二、计算机系统的组成

计算机实际上是一个由很多协同工作的部分组成的系统。物理部分，是看得见、摸得着的部分，统称为"硬件"，另一部分就是所谓的"软件"，指的是指令或程序，它们可以告诉硬件该做什么。因此，我们说计算机系统是由硬件系统和软件系统两部分组成的。

（一）硬件系统

无论是微型计算机还是大型计算机，都是以"冯·诺依曼"的体系结构为基础的。"冯·诺依曼"体系结构是被称为计算机之父的冯·诺依曼所设计的系统。"冯·诺依曼"体系结构规定计算机系统主要由运算器、控制器、存储器、输入设备和输出设备等几部分组成。

根据上面的学习可知，计算机的硬件系统是由运算器和控制器、存储器、输入设备和输出设备组成的，下面深入学习计算机的硬件系统。

1. 运算器和控制器

运算器被集成在 CPU 中，用来进行数据处理，其功能是完成数据的算术运算和逻辑运算。控制器也被集成在 CPU 中，其功能是进行逻辑控制，它可以发出各种指令，以控制整个计算机的运行，指挥和协调计算机各部件的工作。

运算器和控制器合称为中央处理单元（Central Processing Unit，CPU）。CPU 是整个计算机系统的中枢，它通过各部分的协同工作，实现数据的分析、判断和计算等操作，来完成程序所指定的任务。

2. 存储器

存储器用来存放计算机中的数据，存储器分为内存储器和外存储器。内存储器又叫内存，其容量小、速度快，用于存放临时数据；外存储器的容量大、速度慢，用于存放计算机中暂时不用的数据。外存储器的代表就是每台计算机必备的硬盘。

3. 输入设备

输入设备是指将数据输入计算机中的设备,人们要向计算机发出指令,就必须通过输入设备进行。在计算机产生初期,输入设备是一台读孔的机器,它只能输入"0"和"1"两种数字。随着高级语言的出现,人们逐渐发明了键盘、鼠标、扫描仪和手写板等输入设备,使数据输入变得简单也更容易操作了。

4. 输出设备

输出设备负责将计算机处理数据的中间过程和最终结果以人们能够识别的字符、表格、图形或图像等形式表示出来。最常见的输出设备有显示器、打印机等,现在显示器已成为每台计算机必配的输出设备。

(二)软件系统

软件是指计算机系统中使用的各种程序,而软件系统是指控制整个计算机硬件系统工作的程序集合。软件系统的主要作用是使计算机的性能得到充分发挥,人们通过软件系统可以实现不同的功能,软件系统的开发是根据人们的需求进行的。

计算机软件系统一般可分为系统软件和应用软件两大类。

1. 系统软件

系统软件是指控制和协调计算机及外部设备,支持应用软件开发和运行的系统,是无须用户干预的各种程序的集合,主要功能是调度、监控和维护计算机系统;负责管理计算机系统中各种独立的硬件,使得它们可以协调工作。系统软件使得计算机使用者和其他软件将计算机当作一个整体而不需要顾及底层每个硬件是如何工作的。计算机系统软件主要指的就是操作系统(Operating System,OS)。它是最底层的软件,它控制所有计算机运行的程序并管理整个计算机的资源,是计算机裸机与应用程序及用户之间的桥梁。没有它,用户也就无法使用某种软件或程序。操作系统是计算机系统的控制和管理中心,从资源角度来看,它具有处理机、存储器管理、设备管理、文件管理4项功能。任何其他软件都必须在操作系统的支持下才能运行。操作系统同时管理着计算机硬件资源,同时按照应用程序的资源请求,分配资源,如划分CPU时间、内存空间的开辟、调用打印机等。

操作系统是用户和计算机的接口,同时也是计算机硬件和其他软件的接口。操作系统的功能包括管理计算机系统的硬件、软件及数据资源,控制程序运行,改善人机界面,为其他应用软件提供支持,让计算机系统所有资源最大限度地发挥作用,提供各种形式的用户界面，使用户有一个好的工作环境，为其他软件的开发提供必要的服务和相应的接口等。

2. 应用软件

应用软件（Application Software）是用户可以使用的各种程序设计语言，以及用各种程序设计语言编制的应用程序的集合，分为应用软件和用户程序。应用软件是利用计算机解决某类问题而设计的程序的集合，可供多用户使用，如通过 Word 可以编辑一篇文章，通过 Photoshop 可以绘制和处理图片，通过 Windows Media Player 可以播放 VCD 影碟等。

3. 指令、程序与计算机语言

指令是计算机执行某种操作的命令，由操作码和地址码组成，其中操作码规定操作的性质，地址码表示操作数和操作结果存放的地址。

程序是为解决某一问题而设计的一系列有序的指令或语句的集合。

使用计算机就必须和其交换信息，为解决人机交互的语言问题，就产生了计算机语言（Computer Language）。计算机语言是随着计算机技术的发展，根据解决问题的需要而衍生出来，并不断优化、改进、升级和发展的。计算机语言按其发展可分为如下几种：

（1）机器语言

电子计算机所使用的是由"0"和"1"组成的二进制数，二进制是计算机语言的基础。计算机发明之初，人们只能降贵纡尊，用计算机的语言去命令计算机干这干那，一句话，就是写出一串串由"0"和"1"组成的指令序列交由计算机执行，这种计算机能够认识的语言就是机器语言。使用机器语言是十分痛苦的，特别是在程序有错需要修改时，更是如此。

程序就是一个个的二进制文件。一条机器语言称为一条指令，其是不可分割的最小功能单元。而且，由于每台计算机的指令系统往往各不相同，所以，在一台计算机上执行的程序，要想在另一台计算机上执行，必须另编程序，造成了重复工作。但由于使用的是针对特定型号计算机的语言，故而运算效率是所有语言中最高的。机器语言是第一代计算机语言。

（2）汇编语言

为了减轻使用机器语言编程的痛苦，人们进行了一种有益的改进——用一些简洁的英文字母、符号串来替代一个特定的指令的二进制串，例如，用 ADD 代表加法、MOV 代表数据传递等，这样一来，人们很容易读懂并理解程序在干什么，纠错及维护都变得方便了，这种程序设计语言就称为汇编语言，即第二代计算机语言。然而计算机是不认识这些符号的，这就需要一个专门的程序，专门负责将这些符号翻译成二进制数的机器语言，这种翻译程序被称为汇编程序。

汇编语言同样十分依赖机器硬件，移植性不好，但效率仍十分高，针对计算机特定硬件而编制的汇编语言程序，能准确发挥计算机硬件的功能和特长，程序精练而质量高，所以至今仍是一种常用而强有力的软件开发工具。

（3）高级语言

从最初与计算机交流的痛苦经历中，人们意识到，应该设计一种接近于数学语言或自然语言，同时又不依赖计算机硬件，编出的程序能在所有机器上通用的语言。经过努力，1954 年，第一个完全脱离机器硬件的高级语言——FORTRAN 问世了，40 多年来，共有几百种高级语言出现，有重要意义的有几十种，影响较大、使用较普遍的有 FORTRAN、AL-GOL、COBOL、BASIC、LISP、PL/1、Pascal、C、C++、C#、VC、VBJAVA 等。高级语言的下一个发展目标是面向应用，也就是说，只需要告诉程序你要干什么，程序就能自动生成算法，自动进行处理，这就是非过程化的程序语言。

综上所述，计算机系统由硬件系统和软件系统两部分组成，软件系统的运行建立在硬件系统都正常工作的情况下。

（三）数据存储的概念

计算机中的所有数据都是用二进制表示的。下面介绍关于存储的几个重要概念。

1. 位（b）

位是计算机中存储数据的最小单位，指二进制数中的一位数，其值为"0"或"1"，其英文名为 bit。计算机采用二进制，运算器运算的是二进制数，控制器发出的各种指令也表示成二进制数，存储器中存放的数据和程序也是二进制数，在网络上进行数据通信时发送和接收的还是二进制数。

2. 字节（B）

字节是计算机存储容量的基本单位，计算机存储容量的大小是用字节的多少来衡量的。其英文名为 Byte，通常用 B 表示。采用了二进制数来表示数据中的所有字符（字母、数字以及各种专用符号）。采用 8 位为 1 个字节，即 1 个字节由 8 个二进制数位组成。例如，计算机内存的存储容量、磁盘的存储容量等都是以字节为单位表示的。除用字节为单位表示存储容量外，还可以用千字节 KB、兆字节 MB、GB、TB 等表示存储容量。

例如，中文字符"学"表示为 00110001 00000111。

要注意位与字节的区别：位是计算机中的最小数据单位，字节是计算机中的基本信息单位。

3. 字（word）

字是计算机内部作为一个整体参与运算、处理和传送的一串二进制数，是计算机进行信息交换、处理、存储的基本单元。通常由一个或几个字节组成。

4. 字长

字长是计算机CPU一次处理数据的实际位数，是衡量计算机性能的一个重要指标。字长越长，一次可处理的数据二进制位越多，运算能力就越强，计算精度就越高。

5. 存储容量

存储容量是衡量计算机存储能力的重要指标，是用字节（B）来计算和表示的。除此之外，还常用KB、MB、GB、TB作为存储容量的单位，其换算关系如下：

1B = 8b；1KB = 1O24B；1MB = 1024KB；1GB = 1024MB；1TB = 1024GB；1PB = 1024TB。

第二节　计算机硬件技术

微型计算机的组成仍然遵循冯·诺依曼结构，它由微处理器、存储器、系统总线（地址总线、数据总线、控制总线）、输入输出接口及其连接的I/O设备组成。由于微型计算机采用了超大规模集成电路器件，使得微型计算机的体积越来越小、成本越来越低，而运算速度却越来越快。

其中，微处理器是指计算机内部对数据进行处理并对处理过程进行控制的部件，伴随大规模集成电路技术的迅速发展，芯片集成密度越来越高，CPU可以集成在一个半导体芯片上，这种具有中央处理器功能的大规模集成电路器件，被统称为"微处理器"。微型计算机，又简称"微型机""微机"，也称"微电脑"，是由大规模集成电路组成的体积较小的电子计算机。由微处理机（核心）、存储片、输入和输出片、系统总线等组成。特点是体积小、灵活性大、价格便宜、使用方便。

一、CPU、内存

（一）中央处理器

中央处理器（CPU）是计算机的核心，是指由运算器和控制器以及内部总线组成的电子器件，简称微处理器。CPU 内部结构大概可以分为控制单元、运算单元、存储单元和时钟等几个主要部分。CPU 的主要功能是控制计算机运行指令的执行顺序和全部的算术运算及逻辑运算操作。其性能的好坏是评价计算机最主要的指标之一。

（二）存储器

存储器是用来存放计算机程序和数据的设备。

计算机存储器从大类来区分有内存和外存两类。其中随机存储器（RAM）的大小就是人们硬磁盘存储器常说的内存大小，也是衡量计算机性能的主要配置指标之一。RAM 由半导体器件组成，主要存储和 CPU 直接交换的数据，其工作速度能够与 CPU 同步，伴随计算机一同工作，一旦断电或关机，其中存储的内容将会丢失殆尽。计算机主板上的存储器大多是随机存储器。而只读存储器（ROM）通常是保存计算机中固定不变的引导启动程序和监控管理的数据。用户不能向其中写入数据，只能在开机时由计算机自动读出生产厂家事先写入的引导与监控程序以及系统信息等 BIOS 数据，故也称只读存储器。

另外还有一种很特殊的存储器（EPROM）。EPROM 由以色列工程师 Dov Frohman 发明，是一种断电后仍能保留数据的计算机存储芯片——即非易失性的（非挥发性）。它是一组浮栅晶体管，被一个提供比电子电路中常用电压更高电压的电子器件分别编程。一旦编程完成后，EPROM 只能用强紫外线照射来擦除。通过封装顶部能看见硅片的透明窗口，很容易识别 EPROM，这个窗口同时用来进行紫外线擦除。将 EPROM 的玻璃窗对准阳光直射一段时间就可以擦除。EPROM 主要用于系统底层程序开发。

计算机外存主要是指硬盘、光盘和 U 盘。

（三）主板与主板芯片组

计算机主板上设计集成了多组连接各种器件的信号线，统称总线，主板的配置将决定计算机的性能和档次。其核心是主板芯片组，它决定总线类型、规模、功能、工作速度等各项综合指标。

主板芯片组一般包含南桥芯片和北桥芯片。北桥芯片主要决定主板的规格、对硬件的支持及系统性能，它连接着 CPU、内存、AGP 总线。因此决定了使用何种 CPU、AGP 多少倍速显卡以及内存工作频率等指标。南桥芯片主要决定主板的功能，主板上的各种接口（串、并、U 口等）、PCI 总线（如接驳显示卡、视频卡、声卡）、JDE（接硬盘、光驱）及主板上的其他芯片都由南桥芯片控制。南桥芯片通常裸露在 PCI 插槽旁边，体积较大。南北桥进行数据传递时需要一条通道，称为南北桥总线。南北桥总线越宽，数据传送越快。

（四）系统总线

总线（Bus）是微型计算机内部件之间、设备之间传输信息的公用信号线。总线的特点在于其公用性。可以形象地比作是从 CPU 出发的高速公路。

系统总线包括集成在 CPU 内部的内部总线和外部总线。外部总线包括以下几种：

1. 数据总线（Data Bus. DB）是 CPU 与输入输出设备交换数据的双向总线，如 64 位字长的计算机，其数据总线就有 64 根数据线。

2. 地址总线（Address Bus，AB）是 CPU 发出的指定存储器地址的单向总线。

3. 控制总线（Control Bus，AB）是 CPU 向存储器或外设发出的控制信息的信号线，也可能是存储器或某外设向 CPU 发出的响应信号线，是双向总线。

计算机系统总线的详细发展历程，包括早期的 PC 总线和 ISA 总线，PCI/AGP 总线、PCI-X 总线以及主流的 PCIExpress、HyperTransport 高速串行总线。从 PC 总线到 ISA、PCI 总线，再由 PCI 进入 PCIExpress 和 HyperTransport 体系，计算机在这三次大转折中也完成三次飞跃式的提升。与这个过程相对应，计算机的处理速度、实现的功能和软件平台都在进行同样的进化，显然，没有总线技术的进步作为基础，计算机的快速发展就无从谈起。

在计算机系统中，各个功能部件都是通过系统总线交换数据，总线的速度对系统性能有着极大的影响。而也正因如此，总线被誉为计算机系统的神经中枢。但相比于 CPU、显示、内存、硬盘等功能部件，总线技术的提升步伐要缓慢得多。在 PC 发展的 20 余年历史中，总线只进行了三次更新换代，但它的每次变革都令计算机的面貌焕然一新。

（五）输入输出接口

输入输出接口又称 I/O 接口。目前主板上大都集成了 COM 串行接口，如 RS-232 接口、并行接口、LPT 打印机接口、PS2 鼠标接口、USB 外设接口等。少数计算机集成了 IEEE1394 接口、高清视频接口等。

1. USB 接口

USB（Universal Serial Bus）接口是 1994 年推出的一种计算机连接外部设备的通用热插拔接口。早期的 L 0 版读写速度稍慢，现在大多数已经是 3.0 版的 USB 接口，达到 480MB/S，读写速度明显提高。其主要的特点是热插拔技术，即允许所有的外设可以直接带电连接，如键盘、鼠标、打印机、显示器、家用数码设备等，大大提高了工作效率。

现在所有计算机的主板上都集成了两个以上的 USB 3.0 接口，有的多达 10 个。

2. 串行接口

串行接口简称串口，也称串行通信接口或串行通信接口（通常指 COM 接口），是采用串行通信方式的扩展接口。典型的串行接口有如下几种：

（1）IEEE1394 接口

IEEE1394 接口是一种串行接口，也是一种标准的外部总线接口标准，可以通过该接口把各种外部设备连接到计算机上。这种接口有比 USB 更强的性能，传输速率更高，主要用于主机与硬盘、打印机、扫描仪、数码摄像机和视频电话等高数据通信量的设备连接。目前少数的计算机上集成安装了 IEEE1394 接口。

（2）RS-232 接口

RS-232 接口符合美国电子工业联盟（EIA）制定的串行数据通信的接口标准，原始编号全称是 EIA-RS-232C（简称 232 或 RS-232）。它被广泛用于计算机串行接口外设连接。连接电缆和机械、电气特性、信号功能及传送过程。

3. 并行接口

并行接口是指采用并行传输方式来传输数据的接口标准。从最简单的一个并行数据寄存器或专用接口集成电路芯片如 8255、6820 等，到较复杂的 SCSI 或 IDE 并行接口，种类有数十种。一个并行接口的接口特性可以从两个方面加以描述：①以并行方式传输的数据通道的宽度，也称接口传输的位数；②用于协调并行数据传输的额外接口控制线或称交互信号的特性。数据的宽度可以为 1~128 位或者更宽，最常用的是 8 位，可通过接口一次传送 8 个数据位。在计算机领域最常用的并行接口是通常所说的 LPT 接口。

二、常用外部设备

计算机输入与输出设备是指人与计算机之间进行信息交流的重要部件。输入设备是指能够把各种信息输入计算机中的部件，如键盘、鼠标、扫描仪、麦克风等；输出设备是指能够把计算机内运算的结果输出并显示（打印）出来的设备，如显示器、打印机、音箱等。

（一）鼠标

鼠标是一种快速屏幕定位操作的输入设备。常用来替代键盘进行屏幕上图标和菜单方式的快速操作。主要有 5 种操作方式，即移动、拖动、单击左键、双击左键、单击右键。其随动性好，操作直观准确。

（二）键盘

操作者通过按键将指令或数据输入计算机中的外部设备，其接口大多数是 USB 2.0 接口。键位大都是标准键盘。分为 4 个功能区，即主键盘区、功能键区、编辑键区和小数字键盘区。

（三）显示器与显示卡（适配器）

显示器（屏幕）是用来显示字符和图形图像信息的输出设备，主要包括 CRT 荧光屏显示器和 LCD．LED 液晶显示器。显示器的主要指标有分辨率（屏幕上像素点的多少及像素点之间的距离大小）、对比度、响应时间、屏幕宽度等。现在大多数计算机采用 LCD 和 LED 液晶显示器作为输出屏幕，具有很高的性价比。显示卡是 CPU 与显示器连接的通道，显示卡的好坏直接影响屏幕输出图像的整体效果。常用带宽、显存大小、图像解码处理器等指标来衡量显示卡的好坏。

（四）移动硬盘和 U 盘

移动硬盘是指可通过 USB 接口或者 IEEE1394 接口连接的可以随身携带的硬盘，可极大地扩展计算机的数据存储容量及更加方便地交换信息。其性能指标和固定硬盘一样。U 盘是通过 USB 接口连接到计算机上可以携带的存储设备，其体形小巧、容量较大、性价比高，逐渐成为移动存储的主流。

（五）光盘与光盘驱动器

光盘驱动器（简称光驱）是通过激光束聚焦对光盘表面光刻进行读写数据的设备，分为只读型光驱和可读写型光驱（刻录机）。目前光驱的主要指标是读写速度，一般是 32～52 倍速（4.8～7.5MB/s）。

光盘是一种记录密度高、存储容量大、抗干扰能力强的新型存储介质。光盘有只读光

盘（CAROM）、追记型光盘（CD-R）和可改写光盘（CD-R/W）三种类型。光盘容量可达到 650MB 之多，光盘中的数据可保存 100 年之久。DVD 光盘比 CD-ROM 光盘具有更高的密度，容量可达 4.7GB，也分为只读、追记和可改写三种类型。

（六）普通打印机

普通打印机是一种在纸上打印输出计算机信息的外部设备。其设备构造可以分为击打式和非击打式两种。击打式打印机的典型方式是靠打印针头通过墨带印刷在纸上，其速度慢、噪声大、打印质量低，但耗材便宜；非击打式打印机主要有激光打印机、喷墨打印机、热转印机等，其速度快、质量高、噪声低，但相对耗材较贵。

（七）3D 打印机（3D Printers）

3D 打印机是一位名为恩里科·迪尼（Enrico Dini）的发明家设计的一种神奇的打印机，它不仅可以"打印"出一幢完整的建筑，甚至可以在航天飞船中给宇航员打印任何所需的物品的形状。3D 打印机，即快速成形技术的一种机器，它以一个数字模型文件为基础，运用粉末状金属或塑料等可黏合材料，通过逐层打印的方式来构造物体的技术。过去其常在模具制造、工业设计等领域被用于制造模型，现正逐渐用于一些产品的直接制造，这意味着这项技术正在普及。3D 打印机的应用对象可以是任何行业，只要这些行业需要模型和原型。

（八）扫描仪

扫描仪是一种能够把纸质或胶片上的信息通过扫描的方式转换并输入计算机中的外部设备。有些扫描仪还带有图文自动识别处理的能力，完全代替了手工键盘方式输入文字，用户可以方便地对扫描输入后的文字或图形进行编辑。

（九）三维扫描仪

三维扫描仪（3D Scanner）是一种科学仪器，用来侦测并分析现实世界中物体或环境的形状（几何构造）与外观数据（如颜色、表面反照率等性质）。搜集到的数据常被用来进行三维重建计算，在虚拟世界中创建实际物体的数字模型。这些模型具有相当广泛的用途，例如工业设计、瑕疵检测、逆向工程、机器人导引、地貌测量、医学信息、生物信息、刑事鉴定、数字文物典藏、电影制片、游戏创作素材等领域中都可见其应用。

（十）投影仪

投影仪是在幻灯机的基础上发展起来的一种光学放大器。投影仪的基本结构与幻灯机相似，但改进了光源和聚光镜，新增了新月镜和反射镜，从而使投影器不需要严格的遮光就可白天在教室内使用；放映物也由竖直倒放改为水平正方，使用更加方便。

三、微型计算机的主要性能指标及配置

一台微型计算机功能的强弱或性能的好坏，不是由某项指标来决定的，而是由它的系统结构、指令系统、硬件组成、软件配置等多方面的因素综合决定的。对于大多数普通用户来说，可以从以下几个指标来评价计算机的性能。

（一）运算速度

运算速度是衡量 CPU 工作快慢的指标，一般以每秒完成多少次运算来度量。当今计算机的运算速度可达每秒万亿次。计算机的运算速度与主频有关，还与内存、硬盘等的工作速度及字长有关。

（二）字长

字长是 CPU 一次可以处理的二进制位数，字长主要影响计算机的精度和速度。字长有 8 位、16 位、32 位和 64 位等。字长越长，表示一次读写和处理的数的范围越大，处理数据高。

（三）主存储器容量

主存储器（Main Memory）简称主存，是计算机硬件的一个重要部件，其作用是存放指令和数据，并能由中央处理器（CPU）直接随机存取。主存容量是衡量计算机记忆能力的指标。容量大，能存入的有效字数就多，能直接接纳和存储的程序就长，计算机的解题能力和规模就大。

（四）输入输出数据传输速率

输入输出数据传输速率决定了可用的外设和与外设交换数据的速度。提高计算机的输入输出传输速率可以提高计算机的整体速度。

（五）可靠性

可靠性是指计算机连续无故障运行时间的长短。可靠性好，表示无故障运行时间长。

（六）兼容性

任何一种计算机中，高档机总是低档机发展的结果。如果原来为低档机开发的软件不加修改便可以在它的高档机上运行和使用，则称此高档机为向下兼容。

第三节　计算机软件技术

计算机软件的发展受到应用和硬件的推动与制约；反之，软件的发展也推动了应用和硬件的发展。

一、计算机软件技术的发展

软件技术发展历程大致可分为三个不同时期：①软件技术发展早期（20世纪五六十年代）；②结构化程序和对象技术发展时期（20世纪七八十年代）；③软件工程技术发展时期（从20世纪90年代至今）。

（一）软件技术发展早期

在计算机发展早期，应用领域较窄，主要是科学与工程计算，处理对象是数值数据。1956年，在 J. Backus 领导下为 IBM 机器研制出第一个实用高级语言及其翻译程序，此后，相继又有多种高级语言问世，从而使设计和编制程序的功效大为提高。这个时期计算机软件的巨大成就之一，就是在当时的水平上成功地解决了两个问题：一方面开始设计出了具有高级数据结构和控制结构的高级程序语言；另一方面又发明了将高级语言程序翻译成机器语言程序的自动转换技术，即编译技术。然而，随着计算机应用领域的逐步扩大，除了科学计算继续发展以外，出现了大量的数据处理和非数值计算问题。为了充分利用系统资源，出现了操作系统；为了适应大量数据处理问题的需要，出现了数据库及其管理系统。软件规模与复杂性迅速增大。当程序复杂性增加到一定程度以后，软件研制周期难以控制，正确性难以保证，可靠性问题相当突出。为此，人们提出用结构化程序设计和软件工程方法来克服这一危机。软件技术发展随之进入一个新的阶段。

（二）结构化程序和对象技术发展时期

从 20 世纪 70 年代初开始，大型软件系统的出现给软件开发带来了新问题。大型软件系统的研制需要花费大量的资金和人力，可是研制出来的产品却是可靠性差、错误多、维护和修改也很困难。一个大型操作系统有时需要几千人一年的工作量，而所获得的系统又常常会隐藏着几百甚至几千个错误。程序可靠性很难保证，程序设计工具的严重缺乏也使软件开发陷入困境。

结构程序设计的讨论催生了一系列的结构化语言。这些语言具有较为清晰的控制结构，与原来常见的高级程序语言相比有一定的改进，但在数据类型抽象方面仍显不足。面向对象技术的兴起是这一时期软件技术发展的主要标志。"面向对象"这一名词在 20 世纪 80 年代初由 Smallwk 语言的设计者首先提出，而后逐渐流行起来。面向对象的程序结构将数据及其上作用的操作一起封装，组成抽象数据或者叫作对象。具有相同结构属性和操作的一组对象构成对象类。对象系统就是由一组相关的对象类组成，能够以更加自然的方式模拟外部世界现实系统的结构和行为。对象的两大基本特征是信息封装和继承。通过信息封装，在对象数据的外围好像构筑了一堵"围墙"，外部只能通过围墙的"窗口"去观察和操作围墙内的数据，这就保证了在复杂的环境条件下对象数据操作的安全性和一致性。通过对象继承可实现对象类代码的可重用性和可扩充性。可重用性能处理父、子类之间具有相似结构的对象共同部分，避免代码一遍又一遍地重复。可扩充性能处理对象类在不同情况下的多样性，在原有代码的基础上进行扩充和具体化，以求适应不同的需要。传统的面向过程的软件系统以过程为中心。过程是一种系统功能的实现，而面向对象的软件系统是以数据为中心。与系统功能相比，数据结构是软件系统中相对稳定的部分。对象类及其属性和服务的定义在时间上保持相对稳定，还能提供一定的扩充能力，这样就可大为节省软件生命周期内系统开发和维护的开销。就像建筑物的地基对于建筑物的寿命十分重要一样，信息系统以数据对象为基础构筑，其系统稳定性就会十分牢固。到 20 世纪 80 年代中期以后，软件的蓬勃发展更来源于当时两大技术进步的推动力：一是微机工作站的普及应用；二是高速网络的出现。其促成的直接结果是：一个大规模的应用软件，可以由分布在网络上不同站点机的软件协同工作去完成。由于软件本身的特殊性和多样性，在大规模软件开发时，人们几乎总是面临困难。软件工程在面临许多新问题和新挑战后进入一个新的发展时期。

（三）软件工程技术发展时期

自从软件工程名词诞生以来，历经 30 余年的研究和开发，人们深刻认识到，软件开发必须按照工程化的原理和方法来组织和实施。软件工程技术在软件开发方法和软件开发工具方面，在软件工程发展的早期，特别是 20 世纪七八十年代时的软件蓬勃发展时期，已经取得了非常大的进步。软件工程作为一个学科方向，越来越受到人们的重视。但是，大规模网络应用软件的出现所带来的新问题，使得软件人员在如何协调合理预算、控制开发进度和保证软件质量等方面面临巨大考验。

进入 20 世纪 90 年代，Internet 和 WWW 技术的蓬勃发展使软件工程进入一个新的技术发展时期。以软件组件复用为代表，基于组件的软件工程技术正在使软件开发方式发生巨大改变。早年软件危机中提出的严重问题，有望从此开始找到切实可行的解决途径。在这个时期，软件工程技术发展代表性标志有三个方面：

1. 基于组件的软件工程和开发方法成为主流

组件是自包含的，具有相对独立的功能特性和具体实现，并为应用提供预定义好的服务接口。组件化软件工程是通过使用可复用组件来开发、运行和维护软件系统的方法、技术和过程。

2. 软件过程管理进入软件工程的核心进程和操作规范

软件工程管理应以软件过程管理为中心去实施，贯穿软件开发过程的始终。在软件过程管理得到保证的前提下，软件开发进度和产品质量也就随之得到保证。

3. 网络应用软件规模越来越大，使应用的基础架构和业务逻辑相分离

网络应用软件规模越来越大，复杂性越来越高，使得软件体系结构从两层向三层或者多层结构转移，使应用的基础架构和业务逻辑相分离。应用的基础架构由提供各种中间件系统服务组合而成的软件平台来支持，软件平台化成为软件工程技术发展的新趋势。软件平台为各种应用软件提供一体化的开放平台，既可保证应用软件所要求的基础系统架构的可靠性、可伸缩性和安全性的要求，又可使应用软件开发人员和用户只要集中关注应用软件的具体业务逻辑实现，而不必关注其底层的技术细节。当应用需求发生变化时，只要变更软件平台之上的业务逻辑和相应的组件实施就行了。

以上这些标志象征着软件工程技术已经发展上升到一个新阶段，但这个阶段尚未结束。软件技术发展日新月异，Internet 的进步促使计算机技术和通信技术相结合，更使软件技术的发展呈五彩缤纷的局面。软件工程技术的发展也永无止境。

软件技术是从早期简单的编程技术发展起来的，现在包括的内容很多，主要有需求描述和形式化规范技术、分析技术、设计技术、实现技术、文字处理技术、数据处理技术、验证测试及确认技术、安全保密技术、原型开发技术和文档编写及规范技术、软件重用技

术、性能评估技术、设计自动化技术、人机交互技术、维护技术、管理技术和计算机辅助开发技术等。

二、当前计算机软件技术的应用

(一) 网络通信

信息时代的今天，人们都非常重视信息资源的共享和交换。同时，我国光网城市的建设，使得网络普及的覆盖面积越来越宽，用户通过计算机软件进行网络通信的频率也是越来越多。在网络通信中，利用计算机软件可以实现不同区域、不同国家之间的异地交流沟通和资源共享，将世界连接成为一个整体。比如，利用计算机软件技术可以进行网络会议，也可以视频聊天，给我们的工作和生活都带来了无限的可能。

(二) 工程项目

我们不难发现，与过去相比，一个工程项目无论从工作质量还是完成速率来看，都有着突飞猛进的发展。这是因为在工程项目中应用了计算机软件技术，为工程项目带来了非常大的帮助。比如，将工程制图计算机软件应用于工程项目中可以大大提高工程的设备准确率和效率。在工程管理计算机软件应用于工程项目中对工程的管理提供了便捷。此外，将工程造价计算机软件应用于工程管理中不仅可以保障对工程造价评估的准确性，还能为工程节约大量成本。总而言之，在工程项目中计算机软件技术对工程无论是质量、效率还是成本都有着非常重要的作用。

(三) 学校教学

与传统的教学方式相比，现代的教育中应用计算机软件技术有着质的飞跃。传统教育中往往是老师在黑板上用粉笔书写上课内容，对于教师而言，既耗时又耗力，对学生而言也会觉得非常无趣。而当前，我们在教学中应用计算机软件技术不仅可以有效提高教学效率，还能更好地激发学生学习的兴趣。比如，老师利用 PPT 等 Office 软件代替传统黑板书写，省事省力，学生也更感兴趣。还可以利用计算机软件让学生进行考试答卷，既保证了考试阅卷的准确性，也节约了大量的阅卷时间。

(四) 医院医疗

信息时代的今天，医疗方面也有了很大的改革。与现代医疗相比，传统医疗既昂贵又耽误时间。而当前，许多医院计算机软件技术的应用，为医院和病人提供了便利。比如，通过计算机软件可以实现病人预约挂号，为病人节约大量宝贵的时间。利用计算机软件技术实现病人在计算机终端取检查报告，既保障了病人医疗报告的隐私，也节约了病人排队取报告的时间。总之，医院医疗中计算机软件技术的应用，无论对医院还是病人都有着重要的实际意义。

计算机软件技术对我们的工作、生活、学习都有着重大的作用。计算机软件技术在网络通信、工程项目、学习教学以及医院医疗等各方面的应用都彰显出计算机软件技术在我国各个发展领域的重要性。未来，计算机软件技术必然还会有更加深远的发展。

第四节 计算机信息技术应用

信息技术是主要用于管理和处理信息所采用的各种技术的总称。它主要是应用计算机科学和通信技术来设计、开发、安装和实施信息系统及应用软件。

一、信息技术的原理与功能

（一）信息技术的原理

任何事物的发展都是有规律的，科学技术也是如此。按照辩证唯物主义的观点，人类的一切活动都可以归结为认识世界和改造世界。从科学技术的发展历史来看，人类之所以需要科学技术，也正是因为科学技术可以为人类提供力量、智慧，能够帮助人类不断地认识和改造世界。信息技术的产生与发展也正是遵循着"为人类服务"这一规律的。信息技术在发展过程中遵循的原理如下：

1. 信息技术发展的根本目的为辅人

信息技术的重大作用是作为工具来解决问题、激发创造力以及使人们工作更有效率。在人类的最初发展阶段，人们的生活仅仅依靠自身的体力与自然抗争，采食果腹，抵御野兽。人类在赤手空拳地同自然做斗争的漫长过程中，逐渐认识到自身能力的不足。于是，人类就开始尝试着借用或制造各种工具来加强、弥补或延长自身器官的功能。这就是技术的最初起源。在很长一段时期内，由于生产力水平和生产社会化程度都很低，人们交往的时空比较狭窄，仅凭天赋的信息器官的能力就能满足当时认识世界和改造世界的需要。因此，尽管人们一直在同信息打交道，但尚无延长信息器官功能的迫切要求。只是到了近代。随着生产和实践活动的不断发展，人类需要面对和处理的信息越来越多，已明显超出人类信息器官的承载能力，人类才开始注意研制能够扩展和延长自身信息器官功能的技术，于是发展信息技术就成了这一时期的中心任务。以20世纪40年代为起点，经过20世纪五六十年代的酝酿和积累，终于迎来了信息技术的突飞猛进。人类在信息的获取、传输、存储、显示、识别和处理以及利用信息进行决策、控制、组织和协调等方面都取得了骄人的突破，并使得整个社会出现了"信息化"的潮流。至此，人类同信息打交道的方式和水平才发生了根本性的变革。

2. 信息技术发展的途径为拟人

信息技术的有效应用符合"高科技—高利用"的原理，越是认为信息技术是"高科技"，考虑它的"高利用"就越重要。因此，应该始终使信息技术适应人，而不是让人去适应信息技术的进步。随着人类发展的步伐逐渐加快，作为人类争取从自然中解放出来的有力武器，科学技术的辅助作用正是通过扩展和延长人类各种器官的功能得以实现的。人类在认识世界和改造世界的过程中，对自身某些器官的功能提出了新的要求，但是人类这些器官的功能却不可以无限发展，于是就有了通过应用某种工具和技术来达到延长自身器官功能的要求。例如斧、锄、起重机、机械手等生产工具，这些工具使肢体的能力得到补充和加强，从而使肢体的功能在体外得以延伸和发展。但是经过长期的实践，在人类逐渐掌握这些工具和技术以后，又会对自身器官的功能水平提出新的要求。人类经过创造新技术进而掌握新技术，使自身对自然的认识达到一个新的水平，使得技术的更新不断出现，不断向更高水平发展。如此周而复始，不断演进，在前进中提高人类认识自然、改造自然的能力。科学技术的发展历程总是与人类自身进化的进程相吻合。通过模拟和延长人体器官的功能，最终达到技术的进步。

3. 信息技术发展的前景为人机共生

技术是人类创造出来的，机器是技术物化的成果。随着技术的进步，机器的功能越来越强大，在某些方面远远超过了人。通过这些机器，人类认识世界和改造世界的能力越来越强，尤其是自动化技术、信息技术和生物技术的飞速发展，使得用机器运转全面取代人的躯体活动，用电脑取代人脑，用人工智能取代人脑智能，用各种人造物全面取代人的身体等越来越从理想步入现实。人类不断利用"技术物"来超越自身，使自身从劳动的"苦役"中解放出来。然而，这种"技术化生存"方式在减轻人的负重的同时，也导致人的物化以及人对技术和技术物的依赖性。有人认为，在科技加速发展、人的物化加速强化的将来，人将被改造成物，变成生产和消费过程的附属品，人与物的界限将不再存在，人将失去他自身的本质，在物化中被消解掉。

然而，机器毕竟是机器。无论它如何发展，其智力都源自人。没有人的高级智慧活动，机器本身是做不出任何创造性劳动的。因此，人与机器的关系应该是共生的。一方面，人离不开机器，需要利用机器拓展自己的生存范围；另一方面，机器不能离开人的智慧去独立发展。在两者的关系中，人以认识和实践的能动性而居于主导地位。科学技术作为自然科学的内容与产物，通常它只具备工具理性，而不具备人文科学所具备的价值理性。因此，科学技术掌握在具有不同价值观念的人手中，其社会效应是截然不同的。在未来人机关系中，人类能否居于主动地位，还取决于社会价值理念的标准与倾向。

（二）信息技术的功能

信息化是当今世界经济和社会发展的大趋势。为了迎接世界信息技术迅猛发展的挑战，世界各国都把发展信息技术作为 21 世纪社会和经济发展的一项重大战略目标，加快发展本国的信息技术产业，争抢经济发展的制高点。那么，作为一个信息时代的个体，我们应该对信息技术的功能有较为清醒的认识。只有这样，才能真正地适应信息时代。下面我们将从本体功能方面来分析信息技术的功能特征。对信息技术本体功能的认识可以有很多视角。如果从延伸人类感觉器官和认知器官的角度来分析信息技术的本体功能，那么，信息技术的本体功能要表现在对信息的采集、传递、存储和处理等方面。

1. 信息技术具有扩展人类采集信息的功能

人类可以通过各种方式采集信息，最直接的方式是用眼睛看、用鼻子闻、用耳朵听、用舌头尝。另外，我们还可以借助各种工具获取更多的信息，例如用望远镜我们可以看得更远，用显微镜可以观察微观世界。但是，据统计，信息化社会的数字化的信息量每 18 个月就翻一番。20 世纪科学知识每年的增长率从 60 年代的 95% 提高到 80 年代的 125%，而进入 90 年代，人类的知识则以每七八年翻一番的速度增长。如此庞杂的知识靠传统的信息获取方式采集显然是不够的。现代信息技术的迅速发展，尤其是传感技术和网络技术的迅速发展，极大地突破了人类难以突破时间和空间的限制，弥补了采集信息的不足，扩展了人类采集信息的功能。

2. 信息技术具有扩展人类传递信息的功能

信息的载体千百年来几乎没有变化，主要的载体依旧是声音、文字和图像。但是信息传递的媒介却经历了多次大的革命。从书报杂志到邮政电信、广播电视、卫星通信、国际互联网络等现代通信技术的出现，每一个进步都极大地改变了人类的社会生活，特别是人类的时空概念。计算机网络的出现，特别是国际互联网的出现，使得跨越时间、跨越国界和跨越文化的信息交往成为可能，这在很大程度上扩展了人类传递信息的功能。

3. 信息技术具有扩展人类存储信息的功能

教育领域中曾流行"仓库理论"，认为大脑是存储事实的仓库，教育就是用知识去填满仓库。学生知道的事实越多，搜集的知识越多，就越有学问。因此"仓库理论"十分重视记忆，认为记忆是存储信息和积累知识的最佳方法。但是在信息社会里，信息总量迅速膨胀，如此多的信息如果光靠记忆显然是不可能的。现代信息技术为信息存储提供了非常有效的方式，例如微技术，计算机软盘、硬盘、光盘以及存储于因特网各个终端的各种信息资源。这样就有效地减轻了人类的记忆负担，同时也扩展了人类存储信息的功能。

4. 信息技术具有扩展人类处理信息的功能

人们用眼睛、耳朵、鼻子、手等器官就能直接获取外界的各种信息，经过大脑的分析、归纳、综合、比较、判断等处理后，能产生有价值的信息。但是在很多时候，有很多复杂的信息需要处理。例如，一些繁杂的航天、军事数据等，如果仅用人工处理是需要耗费非常大的精力的。这就需要一些现代的辅助工具，如计算机技术。在计算机被发明以后，人们将处理大量繁杂信息的工作交给计算机来完成，用计算机帮助我们收集、存储、加工、传递各种信息，效率大为提高，极大地扩展了人类处理信息的功能。

由此，我们可以简单概括：传感技术具有延长人的感觉器官来收集信息的功能。通信技术具有延长人的神经系统传递信息的功能。计算机技术具有延长人的思维器官处理信息和决策的功能。缩微技术具有延长人的记忆器官存贮信息的功能。当然，对信息技术本体功能的这种认识是相对的、大致的，因为在传感系统里也有信息的处理和收集，而计算机系统里既有信息传递过程，也有信息收集的过程。

（三）信息技术的好处

1. 信息技术增加了政治的开放性和透明度

一方面，信息化、网络化使人们更加容易利用信息技术，人们通过互联网获取广泛的信息并主动参与国家的政治生活；另一方面，各级政府部门不断深入发展电子政务工程。政务信息的公开增加了行政的透明度，加强了政府与民众的互动。此外，各政府部门之间的资源共享增强了各部门的协调能力，从而提高了工作效率。政府通过其电子政务平台开展的各种信息服务，为人们提供了极大的方便。

2. 信息技术促进了世界经济的发展

信息技术促进了世界经济的发展，主要体现在以下几点：①信息技术推出了一个新兴的行业——互联网行业。②信息技术使得人们的生产、科研能力获得极大提高。通过互联网，任何个人、团体和组织都可以获得大量的生产经营以及研发等方面的信息，使生产力得到进一步的提高。③基于互联网的电子商务模式使得企业产品的营销与售后服务等都可以通过网络进行，企业与上游供货商、零部件生产商以及分销商之间也可以通过电子商务实现各种交互。这不仅是一种速度方面的突飞猛进，更是一种无地域界限、无时间约束的崭新形式。④传统行业为了适应互联网发展的要求，纷纷在网上提供各种服务。

3. 信息技术的发展造就了多元文化并存的状态

信息技术的发展造就了多元文化并存的状态，主要体现在以下几点：①网络媒体开始出现并逐渐成为"第四媒体"。互联网同时具备有利于文字传播和有利于图像传播的特点，因此能够促成精英文化和大众文化并存的局面。②互联网与其他传播媒体的一个主要区别在于传播权利的普及，因此有"平民兴办媒体"之说。③互联网造就了一种新的文化模式——网络文化。基于各种通过网络进行的传播和交流，它已经逐渐拥有了一些专门的语言符号、文字符号，形成了自己的特色。

4. 信息技术改善了人们的生活

信息技术使人们的生活更加便利，远程教育也成为现实。虚拟现实技术使人们可以通过互联网尽情游览缤纷的世界。

5. 信息技术推动信息管理进入崭新的阶段

信息技术作为扩展人类信息功能的技术集合，对信息管理的作用十分重要，是信息管理的技术基础。信息技术的进步使信息管理的手段逐渐从手工方式向自动化、网络化、智能化的方向发展，使人们能全面、快速而准确地查找所需信息，更快速地传递多媒体信息，从而更有效地利用和开发信息资源。

二、信息技术发展与应用

（一）计算机信息技术的应用

1. 计算机数据库技术在信息管理中的应用

随着现代化信息技术发展水平的不断提升，数据库技术成为新型发展技术的代表。其运用优势主要体现在：①可以在短时间内完成对大量数据的收集工作；②实现对数据的整理和存储；③利用计算机对相关有效数据进行分析和汇总。在市场竞争激烈的背景下，其应用范围得到不断拓展。应用计算机数据库技术需要注意以下几点：

（1）掌握数据库的发展规律。在数据发展体系的运行背景下，数据分布带有很强的规律性。换言之，虽然数据的来源和组织形式存在很大的不同，但是在经过有效地整合之后，会表现出很多相同点，从而可以找到最佳排序方法。

（2）计算机数据库技术具有公用性。数据只有在半开放的条件下才能发挥出应有的价值。数据库建立初始阶段，需要用户注册信息，并设置独立的账户密码，从而实现对信息的有效浏览。

（3）计算机数据库技术具有孤立性。虽然在大多数情况下数据库技术都会联合其他技术共同完成任务，但是数据库技术并不会因此受到任何影响，也就是说数据库技术的软、硬件系统不会与其他技术发生冲突，逻辑结构也不会因此改变。

2. 计算机网络安全技术的应用

计算机网络安全技术的应用主要有以下方面：

（1）计算机网络的安全认证技术。利用先进的计算机网络发展系统，可以对经过合法注册的用户信息做好安全认证，这样可以从根本上避免非法用户窃取合法用户的有效信息进行非法活动。

（2）数据加密技术。加密技术的最高层次就在于打乱系统内部有效信息，保证未经授权的用户无法看到信息内容，可以有效保护重要的机密信息。

（3）防火墙技术。无论是哪种网络发展系统，安装防护墙都是必要的，其最主要的作用在于有效辅助计算机系统屏蔽垃圾信息。

（4）入侵检测系统。安装入侵检测系统的主要目的是保证可以及时发现系统中的异常信息，实施安全风险防护措施。

3. 办公自动化中计算机信息处理技术的应用

在企业的发展中，需要建立完善的办公信息平台发展体系，可以实现企业内部的有效交流和资源共享，可以最大限度地帮助企业提升工作效率，保证发展的稳定性，可以在激烈的市场竞争中获得生存发展的空间：其中，文字处理技术是企业办公自动化体系的重要构成因素。科学合理地运用智能化文字处理技术，可以保证文字编辑工作不断向着智能化、快捷化方向发展，利用 WPS、Word 等办公软件，可以提升办公信息排版及编辑水平，为企业创造一个高效化的办公环境。数据处理技术的发展要点在于，需要对数据处理软件进行优化升级。通过对数字表格的应用，实现企业整体办公效率的提高，有利于提升数据库管理系统的工作效率。

4. 通过语音识别技术获取重要家庭信息

我国已进入老龄化发展阶段，年轻人因为生活压力一般都会在外打拼，所以会出现空巢老人，他们常常觉得内心孤独。此时，可以有效利用计算机信息技术的语音功能，与老人进行日常交流，还可以记录老人想对子女说的话，方便沟通。

（二）计算机信息技术发展方向

1. 应用多媒体技术

在计算机信息系统管理过程中，有效融入多媒体管理技术，可以保证项目任务的有效完成。众所周知，不同的工程项目都有其自身发展的独特性。在使用多媒体技术进行处理的过程中，难免会出现一些问题，使得用户无法继续接下来的操作。因此，为了能够从根本上减少项目的问题，就需要结合计算机和新媒体技术，完成好相应的开发和互相融合工作。

2. 应用网络技术

每一个发展中的企业都需要完善内部的相应管理体系。但是在实际工作中，不同的企业的具体运营状况也存在很大的不同。如果要及时有效地解决一些对企业发展影响重大的问题，就应建立与完善相关的信息发展平台，在内部实现信息共享。企业信息技术部门还要带头组建网络管理群，这样，可以保证企业高层通过网络数据了解到员工的切实需要和企业运作发展状况，为实现企业的可持续发展打下坚实基础。

3. 微型化、智能化

众所周知，现代化的发展进程中，由于生活节奏不断加快，需要不断完善社会建设功能，特别是在当今信息传播如此之快的发展时期，计算机信息技术的应用为了迎合大多数人的发展需要，应不断向智能化和微型化方向转变。那时，人们就可以在各种微小型的设备上，随时随地获得想要了解的信息，完善智能发展要点，并将其应用于工作与学习中，有效提升发展效率，满足人们的不同发展需要。

4. 人性化

随着工业革命的完成，规范化生产模式被实现，计算机信息技术成为辅助人类进行生产与生活的重要组成部分，就像人们接受手机、电脑一样，智能计算机信息技术同样会受到广泛欢迎。相较于现阶段，其应用领域将会无限扩大，大到航天航空领域，小到家庭生活，都在运用计算机管家。而且，计算机信息技术会不断向多元化方向发展，民用化带来的突出变化在于计算机信息技术将会和日常商品一样，可供众多家庭选择。

5. 人机交互

在现阶段的发展过程中，已开始出现人机交互的发展模式，像果果系列推出的语音助手，可以帮助人们有效解决实际存在的问题，不仅应用起来很简单，而且系统清晰地展示出人机交互的逻辑思维，可以根据人的情感变化做出反应，这看似相互独立的个体，将会在未来有机结合在一起，人机教育也就成为未来发展的一大趋势。

随着社会经济的不断发展，科学技术研究领域日益完善，在当今各项科研成果日益丰硕的时代，一定程度上加速了计算机产品更新换代的速度，而且计算机信息技术包含的范围与涉及的知识要点很多。因此，研发的脚步不能停止，必须不断挖掘其使用潜能，保证人们的生活质量得到有效提升。在未来社会，人们对科技的需求会越来越多，因此，必须投入大量的人力、物力、财力，以推动相关部门的研究工作。

第二章 计算机信息安全管理

随着网络技术的发展，网络系统的安全管理也显得非常重要。网络安全管理是指对所有计算机网络应用体系中各个方面的安全技术和产品进行统一的管理和协调，进而从整体上提高整个计算机网络防御入侵、抵抗攻击的能力的体系。通常，建立一个安全管理系统包括多个方面的建设，如技术上实现计算机安全管理系统，为系统定制安全的管理方针、相应的安全管理制度和配备人员等。

第一节 网络风险分析与评估及信息安全标准

一、网络风险分析与评估

（一）网络安全的风险分析

互联网上存在各种危险，这些危险可能是恶意的，也可能是非恶意的，要解决网络安全问题，首先要了解这些危险有哪些，然后才能采取必要的应对措施。网络安全的主要危险来自以下方面。

1. 网络攻击

网络攻击就是攻击者恶意地向被攻击对象发送数据包，导致被攻击对象不能正常地提供服务的行为。网络攻击分为服务攻击与非服务攻击。

服务攻击就是直接攻击网络服务器，造成服务器"拒绝"提供服务，使正常的访问者不能访问该服务器。

非服务攻击则是攻击网络通信设备，如路由器、交换机等，使其工作严重阻塞或瘫痪，导致一个局域网或几个子网不能正常工作。

2. 网络安全漏洞

网络是由计算机硬件和软件以及通信设备、通信协议等组成的，各种硬件和软件都不同程度地存在漏洞，这些漏洞可能是由于设计时的疏忽导致的，也可能是设计者出于某种目的而预留的，例如，TCP/IP 协议在开发时主要考虑的是开放和共享，在安全方面考虑得很少。网络攻击者就会研究这些漏洞，并通过这些漏洞对网络实施攻击。这就要求网络管理者必须主动了解这些网络中硬件和软件的漏洞，并主动采取措施，打好"补丁"。

3. 信息泄露

网络中的信息安全问题包括信息存储安全与信息传输安全。

信息存储安全问题是指静态存储在联网计算机中的信息，可能会被未授权的网络用户非法使用。信息传输安全问题是指信息在网络传输的过程中可能被泄露、伪造、丢失和篡改。

保证信息安全的主要技术是数据加密解密技术，将数据进行加密存储或加密传输，这样即使非法用户获取了信息，也不能读懂信息的内容，只有掌握密钥的合法用户才能将数据解密以利用信息。

4. 网络病毒

网络病毒是指通过网络传播的病毒，网络病毒的危害是十分严重的，其传播速度非常快，而且一旦染毒清除困难。

网络防毒一方面要使用各种防毒技术，如安装防病毒软件、加装防火墙；另一方面也要加强对用户的管理。

5. 来自网络内部的安全问题

来自网络内部的安全问题主要指网络内部用户有意无意做出危害网络安全的行为，如泄露管理员口令，违反安全规定，绕过防火墙与外部网络连接，越权查看、修改、删除系统文件和数据等危害网络安全的行为。

解决这一问题的方法应从两个方面入手：一方面要在技术上采取措施，如专机专用，对重要的资源加密存储、身份认证、设置访问权限等；另一方面要完善网络管理制度。

（二）网络风险评估要素的组成关系

网络信息是一种资产，资产所有者应对信息资产进行保护，通过分析信息资产的脆弱性来确定威胁可能利用哪些弱点来破坏其安全性。风险评估要识别资产相关要素的关系，从而判断资产面临的风险大小。

二、信息安全相关标准

从 20 世纪 90 年代初起，为配合信息安全管理的需要，国家相关部门、行业和地方政府相继制定了《中华人民共和国计算机信息网络国际联网管理暂行规定》《商用密码管理条例》《互联网信息服务管理办法》《计算机信息网络国际联网安全保护管理办法》《计算机病毒防治管理办法》《互联网电子公告服务管理规定》《软件产品管理办法》《电信网间互联管理暂行规定》《电子签名法》等有关信息安全管理的法律法规文件。

第二节　互联网单位管理及网络用户的上网行为管理

一、互联网单位管理

（一）备案管理

1. 备案对象

凡中华人民共和国境内的互联网运营单位、互联网信息服务单位（ICP）、联网单位、互联网上网服务营业场所和个人联网用户均为备案对象。以上单位凡服务器托管地与维护地不在同一行政区划内的，必须同时向服务器托管地和维护地的公安机关网络安全保卫部门申请备案。

2. 备案管辖

（1）各地级以上（含地级）人民政府公安机关网络安全保卫部门对物理位置在本行政区划内与互联网相连接的计算机信息系统（服务器）或维护人员都具有备案管辖权。

（2）各地级以上（含地级）人民政府公安机关网络安全保卫部门对分别落于不同地级市的与互联网相连接的计算机信息系统（服务器）所在单位或维护人员、维护权在本地的都具有备案管辖权，即共同管辖。

（3）计算机信息系统服务器所在地的公安机关网络安全保卫部门有义务将互联网单位的有关资料在备案结束后 15 天内抄送给计算机信息系统所在单位或维护人员、维护权所在地的公安机关网络安全保卫部门。

（4）与互联网相连接的互联网信息系统（服务器）或维护人员所在单位或个人都必

须向服务器托管地和维护地的公安机关网络安全保卫部门申请备案。

3．互联网单位备案程序

（1）互联网单位下载或到公安机关网络安全保卫部门领取备案相关资料与表格。

（2）各互联网单位按照要求填写备案表，由单位领导签字盖章，在其网络正式联通之日起 30 日内与其他需提交的材料一起提交到公安机关网络安全保卫部门。

（3）公安机关网络安全保卫部门对各互联网单位提交的备案资料进行初审（对备案材料的真实性和合法性进行审核）和复审（按照备案表填写的内容逐项实地核查），审核无误后加盖公章，统一编号建立备案档案。审核中若发现各项制度未按要求落实或提交材料不齐的，退回材料，限期整改，符合要求后，可申请再次审核。

（4）各互联网备案单位要记录好反馈的受理编号及密码，凭受理编号及密码可以登录修改备案资料、查看审核结果。审核通过后，各互联网备案单位要领取备案回执、备案证书，下载网站的备案图标。

（5）如果是网站备案，除了下载备案图标、报警岗亭图标和"警警察察"图标外，还要及时将备案图标、报警岗亭图标置于网站首页的下方，"警警察察"图标置于交互式栏目入口处，并按要求完成相应的链接。

（二）互联网运营单位管理

1．管理对象

互联网运营单位安全管理对象主要包括在中华人民共和国境内从事互联网接入、主机托管及租赁、空间租用、域名注册等互联网运营服务单位。

2．管理与服务内容

（1）督促、指导互联网运营单位建立安全组织机构，落实安全管理人员，并报公安机关网络安全保卫部门备案。

（2）督促、指导互联网运营单位到公安机关网络安全保卫部门进行备案。

（3）督促、指导互联网运营单位履行告知新增的联网单位用户和开设网站、网页的联网个人用户到公安机关网络安全保卫部门进行备案的义务。

（4）督促、指导互联网运营单位完善具体网络服务项目、网络拓扑结构、上网接入方式（包括小区的接入方式及小区内的组网方式）、IP 地址的分布及 IP 地址和用户对应等基本要求。

（5）督促、指导互联网运营单位建立健全安全保护管理制度，包括计算机机房安全保护管理制度、安全管理责任人、信息审查员的任免和安全责任制度、网络安全漏洞检测和系统升级管理制度、操作权限管理制度、用户登记制度、异常情况及违法犯罪案件报告和协查制度、安全教育和培训制度、重要信息系统的系统备份及应急预案制度、备案制度。

（6）督促、指导互联网运营单位在实体安全、信息安全、运行安全和网络安全等方面采取必要的安全保护技术措施。

（7）督促、指导互联网运营单位制订突发安全事件和事故的应急处置方案。

（8）督促、指导互联网运营单位通过互联网络进行国际联网，不得以其他方式进入国际联网。

（9）督促、指导互联网运营单位落实计算机有害数据过滤、报告制度。

（10）督促、指导互联网运营单位提供安全保护管理所需信息、资料及数据文件。

3. 工作方法和要求

（1）全面掌握本地所有互联网运营单位的基本情况，积极发展安全组织机构和安全员，加强对安全负责人、安全联络员、安全专管员及相关技术人员的管理，建立安全组织人员资料库，及时掌握运营单位的运行情况。

（2）全面掌握互联网运营单位网络拓扑结构的基本情况，要求运营单位向公安机关网络安全保卫部门提供本单位网络拓扑结构的三级网络示意图。

（3）全面掌握互联网运营单位 IP 资源和 IP 资源的分配接入方式（包括小区的接入方式、小区内的组网方式、IP 地址的分配和使用情况），将 IP 资源情况录入基础数据库。

（4）全面掌握互联网运营单位网络出口情况，重点发现互联网运营单位私自接入互联网或使用异地网络出口的情况，有效避免出现监管漏洞。

（5）加强安全保护技术措施的检查，重点检查安全审计技术措施落实情况，对提供拨号上网、无线上网或小区接入的单位，着重要求采取必要的技术措施实现上网 IP、上网时间与上网用户的一一对应关系；特别是针对采用 NAT 方式为用户提供上网服务的单位，务必要求其记录 NAT 转换记录（包括内网 IP、转换出口的公网 IP、时间、访问的目的地址等）。

（6）督促互联网运营单位依法履行备案义务和通知其提供服务的联网用户办理备案手续，并按照要求做好定期数据报送。在规定期间向公安机关网络安全保卫部门报送本月新增和变更的用户资料以及本单位 IP 地址使用情况，及时将报送数据整理录入基础数据库。

（7）统一向互联网运营单位提供固定的报送接口和报送格式，不得随意改变报送接口和报送格式。

（8）定期走访运营单位，每半年至少到各个单位走访调研一次，及时了解各单位发展情况和业务发展计划。

（9）对未落实安全保护管理制度、经常发生违法行为或未落实案件协查制度、案件倒查准确率不足95%的，经屡次教育坚决不予改正的互联网运营单位严格依法查处。

（三）互联网信息服务单位管理

1. 管理对象

（1）网站安全管理对象包括中华人民共和国境内的网站开设单位。

（2）电子邮件安全管理对象包括中华人民共和国境内的电子邮件服务单位。

（3）互联网娱乐平台安全管理对象是中华人民共和国境内以公共信息网络为平台，发行、运营互联网网络游戏的单位和互联网网络游戏开发、代理、运营单位。

（4）点对点信息安全管理对象是中华人民共和国境内，以点对点共享网络为平台进行点对点文件共享和数据交互以及其他点对点信息应用的单位。

（5）互联网短信息服务安全管理对象是中华人民共和国境内以移动通信运营商和互联网信息服务单位提供的信息交换平台，进行文字、图片等短信息交流的单位。

（6）网上公共信息场所管理对象是指通过互联网向上网用户提供信息或者电子公告、BBS、论坛、网络聊天室、网页制作、即时通信等交互形式，为上网用户提供信息发布条件，为市民提供信息公共场所的单位。

2. 管理和服务的内容

（1）督促、指导互联网信息服务单位建立安全组织机构，落实安全管理人员。

（2）督促、指导互联网信息服务单位到公安机关网络安全保卫部门依法履行备案义务。

（3）督促、指导互联网信息服务单位建立健全安全保护管理制度。

（4）督促、指导互联网信息服务单位完善落实安全保护技术措施。

（5）督促、指导电子邮件服务单位建立健全邮件服务工作规范。

（6）督促、指导网络娱乐平台服务单位、点对点信息服务运营单位与公安机关信息网络安全报警处置系统连接，实现用户账号等报警特征条件和有害信息过滤关键词远程更新，用户信息和留存信息远程查询。

（7）督促、指导点对点信息服务运营单位关闭或删除含有有害信息的地址、目录或者服务器；对传播有害信息的用户采取基于用户账号、网络地址的屏蔽措施。

（8）督促、指导点对点信息服务运营单位与公安机关网络安全保卫部门建立网上违法犯罪案件协助配合调查的工作程序。

3. 工作方法和要求

（1）全面掌握基本情况。

（2）加强安全检查和指导。

（3）建立日常应急联络机制。

（4）逐步落实实名制。

（5）督促、指导网站落实信息先审后发制度。

（6）督促、指导电子邮件服务单位落实关键字技术措施；推动电子邮件服务单位履行行业规范；建立案件协查机制；建立有害信息的应急处置机制。

（7）加强对互联网娱乐平台开设的新业务、新栏目指导监管，防止涉及黄赌毒内容的业务进入互联网娱乐平台；落实重点网络游戏用户虚拟财产保护工作；加强对互联网娱乐平台的公示牌聊天功能等交互式空间内容的管理。

（8）建立紧急突发事件预警通报机制。

（四）联网单位管理

1. 管理对象

互联网联网单位管理对象是通过接入网络与互联网连接的计算机信息网络用户，包括单位用户及个人用户。社区、学校、图书馆、宾馆、咖啡馆、娱乐休闲中心等向特定对象提供上网服务的场所也纳入互联网联网单位管理中。

2. 管理和服务内容

（1）督促联网单位建立信息网络安全组织机构。

（2）督促、指导联网单位依法履行备案义务。

（3）督促、指导联网单位建立安全管理制度。

（4）督促、指导联网单位完善安全保护技术措施。

（5）督促、指导联网单位定期向公安机关提交有关安全保护的信息、资料及数据文件，协助公安机关查处通过国际联网的计算机信息网络的违法犯罪行为。

3. 工作方法和要求

（1）全面掌握联网单位基本情况

掌握联网单位基本情况的方法包括：及时收集本行政区划内互联网运营单位报送的联网单位情况；通过备案及时掌握联网单位的情况；通过日常管理和监控工作发现联网单位

的情况。

应掌握的基本情况包括：本行政区划内联网单位的底数、服务内容、用户规模以及单位的相关情况。掌握联网单位的备案率应达到90%。

（2）加强安全检查和指导

要求各联网单位落实安全保护管理制度和安全保护技术措施，重点检查重要网络系统的系统备份、安全审计日志记录留存以及突发性事件的应急处置措施的落实情况。具有保存60天以上系统运行日志和内部用户使用日志记录功能。上网日志应包括上网时间、下网时间、用户名、网卡MAC地址、内部IP地址、内部IP与外部IP地址的对应关系、访问的目标IP地址等信息，落实安全技术保护措施的联网单位必须达到95%。

（3）分层次、分类型指导联网单位落实安全保护管理制度

①分层次管理

普通联网单位：对于用户规模在100个以下的联网单位，纳入普通联网单位管理，指导落实安全保护管理制度。一是依法通过正规途径接入互联网，不得私自接入，并依法履行备案义务；二是安全审计产品必须使用相应带宽的硬件产品，防止低带宽产品审计高带宽出口造成丢包。

大型联网单位：对于用户规模在100~500个之间的联网单位，纳入大型联网单位重点管理。在普通联网单位管理的基础上，还要求单位服务器必须采用专用机房统一管理。

特大型联网单位：对于用户规模达到500个以上的联网单位，纳入特大型联网单位重点管理。在大型联网单位管理的基础上，还要求把特大型联网单位纳入互联网运营单位管理对象中，采用互联网运营单位管理模式进行管理。

②分类型管理

党政机关联网单位：指导建立安全保护管理制度，重点落实重要信息系统的系统备份及应急预案制度、操作权限管理制度和用户登记制度；系统重要部分的冗余或备份措施、计算机病毒防治措施以及网络攻击防范、追踪措施；对使用公网动态IP地址上网的用户，上网日志应包括上网时间、下网时间、用户名、主叫电话号码、分配给用户的IP地址等信息。

宾馆旅游业：指导建立安全保护管理制度，重点落实操作权限管理制度；用户登记制度、异常情况及违法犯罪案件报告和协查制度；系统运行和用户使用日志记录措施，其中对使用内部IP地址，通过网络地址转换技术（NAT、PAT）上网的用户，上网日志应包括上网时间、下网时间、用户名、网卡MAC地址、内部IP地址、内部IP与外部IP地址的对应关系、访问的目标IP地址等信息。

非经营性公共上网服务场所：指导建立安全保护管理制度，重点落实操作权限管理制度、用户登记制度和备案制度，以及系统运行和用户使用日志记录保存 60 日以上措施、身份登记和识别确认措施。

重点联网用户：指导建立安全保护管理制度，严格上网管理，禁止一机两用。

二、网络用户的上网行为管理

（一）上网行为管理系统及其功能

在传统的防火墙、杀毒软件和 IDS/IPS 网络入侵检测/保护系统等安全管理设施之外，为了解决对种类繁多的各种应用层网络数据流的识别和安全控制，很多信息安全设备制造商开发了上网行为管理系列产品。上网行为管理系统的数据监测设备可以独立工作，也可以与防火墙、入侵保护系统等配合使用，当检测到违反安全策略的网络通信行为后，即可阻断或限制其通信进程。上网行为管理系统一般可实现如下功能：

（1）网络实时流量监控与分析。

（2）集中化的图形化管理平台。

（3）网络流量控制管理。

（4）流量整型与应用优化。

（5）提供丰富的图表报告分析和统计。

（6）对 P2P 对等应用、IM 即时通信、视频/Streaming 应用、网络游戏、炒股软件、企业办公、数据库与中间件等应用层协议的自动识别和分类，对用户传输的某些应用数据类型以及对各种新出现的网络信息安全威胁的可疑数据，提供自定义的特征码识别。

（二）P2P 上网行为的监测与控制

对 P2P 网络数据流进行安全监管和控制，面临以下几个方面的问题：

1. P2P 对等网络系统的功能主要是在应用层实现的，因此工作于传输层和网络层以下的防火墙、入侵检测等网络管理设备难以对 P2P 的应用层数据流进行有效识别和控制。

2. 各种 P2P 应用系统采用的不是互联网官方公布的应用层协议，而是 P2P 应用系统开发者自有知识产权的协议，有很多 P2P 应用系统的工作原理是不公开的，只能从捕获数据流中进行分析。而且 P2P 应用系统种类繁多、互不兼容。

3. 除了中心式的 P2P 网络采用少量固定 IP 地址的索引服务器外，大部分 P2P 系统没有服务器，对等机没有固定 IP 地址。采用对 IP 包中的源和目的 IP 地址进行识别的方法，效果有限。

4. P2P 应用系统的开发者为了自己系统的利益扩张，也要千方百计地采取各种技术手段来逃避对用户的上网行为监管。例如，采用动态变化的端口号，尽量减少 P2P 数据包的特征等来逃避检测。

5. 在网络安全监管中，对各种 P2P 对等网络的应用不能简单地禁止，而要根据本地私有网络系统的性质和特点制定出相应的信息安全管理策略，例如，限制部分流量，阻断某些应用等措施。

第三节 信息安全等级保护与测评

一、信息安全等级

美国早在 20 世纪 80 年代就针对其国防部门的计算机安全保密开展了一系列有影响的工作，后来成立了国家计算机安全中心继续进行有关工作。1983 年他们公布了可信计算机系统评估准则，其中使用了可信计算基础这一概念，即计算机硬件与支持可信应用及可信用户的操作系统的组合体。从网络安全的角度出发，TCSEC 准则对用户登录、授权管理、访问控制、审计跟踪、隐通道分析、可信通道建立、安全检测、生命周期保障、文本写作、用户指南等均提出了规范性要求，并根据所采用的安全策略、系统所具备的安全功能将系统分为四类七个安全级别。将计算机系统的可信程度划分为 D、C1、C2、B1、B2、B3 和 Al 七个层次，各层次如表 2-1 所示。

表 2-1　计算机系统的可信程度

类别	级别	特性
D	D	D 类的安全级别最低，保护措施最少且没有安全功能
C	C1	自主安全保护级，它能够实现用户与数据的分离。数据的保护是以用户组为单位的，并实现对数据进行自主存取控制实现
	C2	受控访问级，该级可以通过登录规程、审计安全性相关事件等来隔离资源
	B1	标记安全保护级。该级对系统的数据进行标记，同时对标记的主体和客体实行强制的存取控制

类别	级别	特性
B	B2	结构化安全保护级。该级建立形式化的安全策略模型，同时对一个系统内的所有主体和客体都实现强制访问和自主访问控制
	B3	安全级，它能够实现访问监控器的要求。访问监控器是指监控的主体和客体之间授权访问关系的部件。该级还支持安全管理员职能、扩充审计机制，当发生与安全相关的事件时将发出信号，同时可以提供系统恢复过程
A	A1	A1 级的功能与 B3 级几乎是相同的，但是 A1 级的特点在于它的系统拥有正式的分析和数学方法，它可以完全证明一个系统的安全策略和安全规格的完整性与一致性。同时，A1 级还规定将完全计算机系统运送到现场安装所遵守的程序

TCSEC 带动了国际计算机安全的评估研究，20 世纪 90 年代西欧 4 国联合提出了信息技术安全评估标准。ITSEC 除了吸收 TCSEC 的成功经验外，首次提出了信息安全的保密性、完整性、可用性的概念，把可信计算机的概念提高到可信信息技术的高度上来认识。

美国为了保持他们在制定准则方面的优势，不甘心 TCSEC 的影响被 ITSEC 取代，采取联合其他国家共同提出新评估准则的办法来体现其领导作用。1991 年 1 月宣布的制定通用安全评估准则的计划，其基础是欧洲的 IT-SEC，美国的包括 TCSEC 在内的新的联邦评估标准，加拿大的 CTCPEC，以及国际标准化组织 ISO：SC27WG3 的安全评估标准。

我国公安部组织制定了《计算机信息系统安全保护等级划分准则》国家标准，并于1999 年 9 月 13 日由国家质量技术监督局审查通过并正式批准发布，已于 2001 年 1 月 1 日执行。按照《计算机信息系统安全保护等级划分准则》的规定，我国实行五级信息安全等级保护。

第一级：用户自主保护级。由用户来决定如何对资源进行保护，以及采用何种方式进行保护。

第二级：系统审计保护级。该级的安全保护机制支持用户具有更强的自主保护能力，特别是具有访问审计能力，即能创建、维护受保护对象的访问审计跟踪记录，记录与系统安全相关事件发生的日期、时间、用户和事件类型等信息。

第三级：安全标记保护级。具有第二级系统审计保护级的所有功能，并对访问者及其访问对象实施强制访问控制。通过对访问者和访问对象指定不同安全标记，限制访问者的权限。

第四级：结构化保护级。将前三级的安全保护能力扩展到所有访问者和访问对象，支持形式化的安全保护策略。其本身构造也是结构化的，使之具有相当的抗渗透能力。该级的安全保护机制能够使信息系统实施一种系统化的安全保护。

第五级：访问验证保护级。具备第四级的所有功能，还具有仲裁访问者能否访问某些对象的能力。因此，该级的安全保护机制不能被攻击或篡改，具有极强的抗渗透能力。

二、信息安全等级测评

（一）等级测评的作用

等级测评是指测评机构依据国家信息安全等级保护制度规定，按照有关管理规范和技术标准，对非涉及国家秘密信息系统安全等级保护状况进行检测评估的活动。

在信息系统建设、整改时，信息系统运营、使用单位通过等级测评进行现状分析，确定系统的安全保护现状和存在的安全问题，并在此基础上确定系统的整改安全需求。

在信息系统运维过程中，信息系统运营、使用单位定期委托测评机构开展等级测评，对信息系统安全等级保护状况进行安全测试，对信息安全管控能力进行考察和评价，从而判定信息系统是否具备《信息安全技术信息系统安全等级保护基本要求》中相应等级安全保护能力。而且，等级测评报告是信息系统开展整改加固的重要指导性文件，也是信息系统备案的重要附件材料。等级测评结论为信息系统未达到相应等级的基本安全保护能力的，运营、使用单位应当根据等级测评报告，制订方案进行整改，尽快达到相应等级的安全保护能力。

（二）等级测评过程

等级测评过程分为 3 个基本测评活动，即测评准备活动、方案编制活动、现场测评活动。

1. 测评准备活动

本活动是开展等级测评工作的前提和基础，是整个等级测评过程有效性的保证。测评准备工作是否充分直接关系到后续工作能否顺利开展。本活动的主要任务是掌握被测系统的详细情况，准备测试工具，为编制测评方案做好准备。

2. 方案编制活动

本活动是开展等级测评工作的关键活动，为现场测评提供最基本的文档和指导方案。本活动的主要任务是确定与被测信息系统相适应的测评对象、测评指标及测评内容等，并根据需要重用或开发测评指导书，形成测评方案。

3. 现场测评活动

本活动是开展等级测评工作的核心活动。本活动的主要任务是按照测评方案的总体要求，严格执行测评指导书，分步实施所有测评项目，包括单元测评和整体测评两个方面，以了解系统的真实保护情况，获取足够证据，发现系统存在的安全问题。

第四节 基于云计算的大数据安全管理

目前，随着云计算与大数据技术的发展与应用，促使互联网进入大数据时代。人们在应用云计算和大数据技术推进其信息化进程的同时也随之带来一些新的安全问题，为保证信息的安全，有必要加强基于云计算的大数据环境下信息安全保障体系建设，不仅要考虑研发大数据环境下新的信息安全技术，同时还要引入新的安全管理举措。

一、安全管理基本框架

近几年，大数据迅速发展成为科技界和企业界甚至世界各国政府关注的热点，Nature 和 Science 等相继出版专刊专门探讨大数据带来的机遇和挑战。相较于传统的数据系统，大数据系统具有体量大（Volume）、速度快（Velocity）、模态多（Variety）、难辨识（Veracity）等特征，因此建立在云计算平台基础上的大数据系统安全体系，无法完全依据传统安全标准构建。

因为安全体系构建对于大数据系统的应用起着关键性作用，所以到目前为止人们已对大数据系统安全体系构建技术和方法开展了大量的研究。下面给出一种基于云计算的大数据系统信息安全管理体系构建架构。

二、安全管理实施建议

（一）计划阶段

主要工作任务是做好安全管理的准备工作，组建安全管理组织，建立大数据安全管理体系框架及安全管理过程策略，制定安全管理范围，安全责任落实到人。具体工作内容包括：成立有效的安全机构，如安全委员会之类的组织，为安全管理提供组织保障，对各类人员分配角色、明确权限、落实相关责任，以保障管理顺利进行；召开安全管理会议，结合企业实际情况，规划出企业信息安全管理体系的整体目标。

（二）实施阶段

调查分析企业安全状况现状，确认安全漏洞和风险，制订具体管理方案，从物理安全、网络安全、主机安全、应用安全和数据安全等方面明确安全管理内容。安全管理内容涉及信息安全的各个领域，包括风险评估管理、安全认证管理、安全策略拟定、管理措施规划、应急计划制订、操作规范制定、环境与实体安全管理、系统开发安全管理、运行与操作安全管理、组织安全管理、安全意识培训、安全教育培训、应急响应处置管理等一系列的工作。

（三）检查阶段

主要通过日常检查、内部审核评审、自动控制程序报警、改进领域分析等措施来检查管理措施是否有效、是否符合安全管理标准，以及是否符合法律法规要求，并记录检查结果，作为下阶段的处理依据。

（四）处理阶段

主要根据检查阶段的审查记录纠正管理过程中的不足，进行修改完善。已成功解决的问题，应总结经验，不断优化；尚不能解决的问题，进入下一循环，逐步改进。

总之，任何一个组织都不可能凭空建立自己的信息安全体系，可在参考国际国内相关标准的基础上采用如下几种模式进行：按照标准建立和实施其安全体系，以保证其信息安全；按照标准建立和实施其安全体系，并通过标准认证；通过咨询顾问建立和实施其安全体系，以保证其信息安全；通过咨询顾问建立和实施其安全体系，以保证其信息安全并通过标准认证。一旦建立安全管理体系，组织应通过管理保持体系运行的有效性。

第三章 计算机信息加密技术

第一节 信息加密技术的发展历程及实现原理

一、信息加密技术的发展历程

信息加密技术是一个既古老又新颖的领域。加密，一般是指这样一个过程：将一组信息经过密钥及加密函数的转换，变成无阅读意义的密文，而接收方则将此密文经过解密密钥和解密函数还原成明文。事实上要想保密，最简单的做法就是不把它告诉别人，知道"秘密"的人越多，泄密的可能性越大，最后秘密也不成为秘密了。

在古代，保守一个秘密似乎要容易一些，因为只有少数人才有读书、写字的特权，如果一个秘密是书写下来的，那么只有数量极少的人才知道它是什么意思。随着越来越多的人掌握了读写文字的能力，越来越有必要在这些人中保守秘密。

早期的加密方法非常简单。据说恺撒大帝曾用一种初级的密码来加密消息，对那些他认为能够分享秘密的人，便告诉他们如何重新组合原来的消息。这种密码便是著名的"恺撒密码"。它其实是一种简单的替换加密法：字母表中的每个字母依次都被其后的第三个字母取代。换言之，字母 A 变成 D、B 变成 E……X 变成 A、Y 变成 B、Z 变成 C，依此类推。这种加密技术的一个变种是 ROT-13 密码，每个字母均循环移动 13 个位置。

简单的替换加密存在重大的缺陷，因为重复出现的某个字母总是会用相同的字母替代。通过对某种语言的分析，便可知道字母被移位的大致距离。

在古代，人和人之间的身份验证也很重要。如果只有少数人能读会写，那么签名就足以证明一个人的身份。但随着掌握读写技能的人越来越多，印章逐渐成为"签署人"的一种独特的记号。利用这种记号，便可证明信件、文档和法令签署人的身份确实无误。但随着技术的发展，人们可轻松仿制出各式各样的印章，所以它也失去了原先的"独特"性。

发展到近代，密码和与之对应的译码技术在历史上占据了重要的地位。第二次世界大战中，德国政府使用一种名为 Enigma 的加密设备，对自己的通信进行加密。这种设备使用了一系列转轮（Enigma 机器共准备了五个，但每次通信的时候，均只使用其中的三个）。这些转轮包含了字母表中的所有字母，每个都可以单独进行设置。对正常输入的文字来说，其中每个字母都被转换成"看似"随机的输出字符。之所以说它"看似"随机，是由于换位顺序的组合是一个天文数字。对 Enigma 机器的破解首先由波兰发起，最后由英国完成。

自恺撒大帝的年代开始，一直到当代，通信技术在稳步地发展。从信件到电报、电传、电话、传真以及 E-mail，人和人之间的通信变得越来越方便和普遍。与此同时，保障这些通信的安全也逐渐成为一项重要课题。

一种通信方法的安全取决于建立通信的那种媒体。媒体越开放，消息落入他人之手的可能性越大。现代通信方法一般都是开放和公用的。打一次电话，或者发一次传真，信号会穿越一个共享的、公共的"电路交换"网络。而发一次 E-mail 也会穿越一个共享的、公共的、包交换的网络。在网络中，位于通信双方两个端点之间的任何一个实体均可将消息（信号）轻易拦截下来。如果要通过现代的通信技术来进行数据的保密传输，便必须采用某种形式的加密技术，防范那些"偷窥者"窃取秘密。

现代的基本加密技术要依赖消息的接收者已知的一项秘密。通常，解密方法（"算法"）是任何人都知道的，就像所有人都知道怎样打开门一样。然而，真正用来解开这一秘密的"密钥"却并非人人皆知——就像钥匙一样，一扇门的钥匙并不是任何人都拿得到的。当然，还有某些加密系统建立在一种保密的算法基础上，通常把它称为"隐匿保密"。但大多数研究者都反对使用这种加密方法，因为它未向公众开放，人们无从得知它的加密能力到底有多强，是否存在缺陷等（目前针对"加密芯片"展开的辩论便是这样的一个典型例子）。

加密工具并非只有单独的一种。有多种技术都可用来加密信息、安全地交换密钥、维持信息完整以及确保一条消息的真实性。将所有技术组合在一起，才能在日益开放的环境中，提供保守一项"秘密"所需的各项服务。

其实，世上本不存在"绝对安全"的东西。对任何一个秘密来说，都存在泄密的可能。分析专家必须根据实际情况判断出泄密的后果有多严重，以及泄密的可能性有多大。通常，一种加密方法的"强壮程度"是由其计算的复杂程度来决定的。例如，假设某种特定的加密系统复杂程度是 232，我们便认为破解它需要进行 232 次独立的运算，这个数量从表面上看似乎非常大，但对一台高速计算机来说，它每秒钟也许能执行数千乃至上万次这样的解密运算，所以，对这种加密系统来说，其能力尚不足以保证秘密的安全。正是考虑到这样的情况，所以我们一般用"计算安全"来量度一个加密系统的安全程度。

二、信息加密的实现原理

密钥是为了有效控制加密、解密算法的实现而设置的，在这些算法的实现过程中，需要有某些只被通信双方所掌握的专门的、关键的信息参与，这些信息就称为密钥。加密在许多场合集中表现为对密钥的应用，因此密钥往往是保密与窃密的主要对象。

在现代计算机网络中一般采取两种加密形式：对称密钥（又称单密钥、私钥）体系和非对称密钥（又称公开密钥、公钥）体系。采用何种加密算法要结合具体的环境和系统而定，而不能简单地根据加密强度来做出判断和选择。因为除了加密算法本身之外，密钥的合理分配、加密效率、与现有系统的结合性，以及投入产出分析等都应在实际应用环境中具体考虑。

就公开密钥加密体系而言，关键部分是建立在"单向函数和活门"的基础之上的。所谓"单向函数"是指一个函数很容易朝一个方向计算，但很难（甚至不可能）逆向回溯。所谓"活门"是指一种可供回溯的"小道"。

在现代加密技术中，一般将单向散列函数应用于身份验证及完整性校验。单向散列函数不同于单向函数。散列函数采用一条长度可变的消息作为输入，对其进行压缩，再产生一个长度固定的摘要信息，一致的输入会产生一致的输出。由于对任何长度的输入来说，输出信息的长度是固定的，所以显而易见，对一种散列算法 H 来说，可能存在两个不同的输入，如 X 和 Y，但它们的摘要信息 H（X）和 H（Y）却相同，这样便会产生冲突。单向散列函数的设计宗旨便是尽可能地降低这种冲突的发生。

当今流行的散列函数是 MD5（Message Digest 5，消息摘要 5）、SHA（Secure Hash Algorithm，安全散列算法）和 RIPE MD。尽管它们生成的摘要长度不同，运算速度不同，抗冲突特性也不同，但都是目前所广泛采用的。

另外一种经常用到的技术是简单的"异或"（XOR）函数。它既不是单向函数，也不是活门函数，但同样是构建加密系统一种有用的工具。有基本数学知识的人都知道，两个 0 进行 XOR 运算的结果是 0，两个 1 进行 XOR 运算还是 0，而一个 0 和一个 1 的 XOR 运算结果是 1。XOR 运算一个非常重要的特点就是它的交替性，取得任何数据后，用长度固定的一个 Key 值对其执行 XOR 运算，得到结果后，再用同样的 Key 值对结果执行 XOR 运算，便能恢复为原来的数据。这其实就是一种非常简化的"加密"算法，但要注意只要知道了一组输入或输出对数据，就马上能推断出密钥。

数据的机密性是由加密算法提供的。算法将一条正常的消息（明文）转换成乱码

（密文），再将乱码转换回正常的消息，实现加密（编码）和解密（译码）的过程。有些加密算法是对称的，即用来加密的可同样用来解密，而另一些算法是不对称的。不对称算法虽然有两个独立的函数（一个用于加密，另一个用于解密），但人们并不将其看作两个算法，而是当作单独的一种算法。因此，无论一种特定算法的"对称性"如何，加密算法都是可以交替（双向）使用的，即

明文＝解密函数［加密函数（明文）］

目前实用的加密技术使用若干种不同的算法。但基本的只有两种：一种是使用密钥，另一种是使用算法（本身不依赖密钥）。

不使用密钥的加密技术十分简单，通过替换或编码以达到加密目的。例如，可以通过给每一个字母的 ASCII 值加上一个数来加密一组英文信息。这种算法实际上并不那么安全，它们很容易被破译，一旦知道了加密算法，就能够破译加密过的信息。

一些更安全的加密算法是将数据与一种密钥配合使用。两种主要的加密算法是对称密钥加密和公开密钥加密。在以后的章节中将会具体讨论。

就对称密钥加密算法而言，算法中只存在一个密钥。同一个密钥被用于加密、解密过程。为了保证安全，必须保护好这个密钥而且确保只有一个人知道。私有密钥加密的另一个特点就是其使用的密钥长度一般都比较短，这使得它的算法实现比非对称加密要快，也要容易一些。对称密钥的一个主要缺陷是需要将密钥分配给每个需要的人，这样密钥分配和管理本身就是一个大问题。另外，如果暴露或损坏密钥，那么就等于暴露或损坏了用它加密过的信息，因此，有必要经常更改密钥。如果只有对称密钥方案，建议将其与数字签名一同使用，因为这样会更加有效也更加安全。

第二节　对称加密算法及非对称加密算法

一、关于对称加密算法

（一）对称加密的基本原理

对称加密算法一般以"块"或"流"的方式对输入信息进行处理。块加密算法的常用算法包括 DES、3DES、CAST 和 Blowfish 等，它们一般每次对一个数据块进行处理。至于块的大小，则取决于算法本身（目前多数使用系统均采用 64 位的块长度），对一个块的

处理称为加密算法的"处理单位"。流加密算法每次处理的是数据的一个位（或者一个字节），用一个键值适当地进行种子化处理，便能生成一个位（这里的"位"指二进制的位）流。

无论是块加密还是流加密，它们都适用于批量信息的加密处理。块加密算法可采用不同的模式工作，一种模式是每次都用同一个密钥；另一种模式是将上一次操作的结果"喂"给当前操作，从而将数据块连接到一起。综合运用这些模式，便可使一种加密算法变得更为"健壮"，对特定的攻击产生更强的免疫力。例如，块加密算法的基本应用就是"电子密码本"（Electronic Code Book，ECB）模式。每个明文块都加密成一个密文块，由于使用相同的密钥，相同的明文块会加密成相同的密文块，所以对一段已知的明文来说，完全能构建出一个密码本，其中包含所有的密文组合。如果我们知道一个 IP 数据包已进行了加密处理，那么由于密文的头 20 个字节代表的是 IP 头，因此可利用一个密码本推断出真实的密钥。

在块加密算法的具体应用中，由于不能保证输入数据的长度正好为一个密码块长度的整数倍，所以根据具体的模式，需要对输入进行适当的填充。假如块的长度是 64 位，而最后一个输入块的大小仅为 48 位，那么就有必要增添 16 位的填充数据，然后才能执行加密（或解密）运算。

加密块链接（CBC）模式可取得前一个密文块，并在对下一个明文块进行加密之前，先对两者执行一次 XOR 运算。假如是第一个块，那么与它进行 XOR 运算的是一个初始化矢量（Initialization Vector，IV）。IV 必须具有"健壮"的伪随机特性，以确保完全一致的明文不会产生完全一致的密文。解密过程与加密相反：每个块都会进行解密，并在对前一个块进行解密之前，对两者进行一次 XOR 运算。解密到第一个块时，它同样会与 IV 进行 XOR 运算。目前使用的所有加密算法都属于块加密算法，采用 CBC 模式运行。

其他流行的模式包括加密回馈模式（Cipher Feedback，CFB）和输出回馈模式（Output Feedback，OFB），前者的前一个密文块会被加密，并与当前的明文块进行 XOR 运算（第一个明文块只与 IV 进行 XOR 运算）；后者会维持一种加密状态，不断地加密，并与明文块进行 XOR 运算，以生成密文（IV 代表初始的加密状态）。

（二）DES 算法实现

数据加密标准是使用最为普遍的对称密钥算法。DES 算法于 1975 年由 IBM 发明并公开发表，并于 1976 年批准成为美国政府标准。DES 算法在 POS、ATM、磁卡及智能卡（IC 卡）、加油站、高速公路收费站等领域被广泛应用，以此来实现关键数据的保密，如信用卡持卡人的 PIN 的加密传输，IC 卡与 POS 间的双向认证、金融交易数据包的 MAC 校验等，均用到 DES 算法。

DES 算法的处理速度比较快。根据 RSA 实验室提供的数据，当 DES 完全由软件实现时，它至少比 RSA 算法快 100 倍。如果由硬件实现，DES 比 RSA 快 1000 甚至 10 000 倍。因为 DES 使用 S 盒（或称选择盒，是一组高度非线性函数。在 DES 中 S 盒像一组表，是 DES 真正执行加密、解密运算的函数部分）运算，只使用简单的表查找功能，而 RSA 则建立在非常大的整数运算上。

DES 使用相同的加密、解密算法，密钥是任意一个 64 位的自然数。算法的工作方式决定了只有 56 位有效（8 位用作校验）。NIST 授权 DES 成为美国政府的加密标准，但只适用于加密"绝密级以下信息"，尽管 DES 被认为十分安全，但确实存在方法可以攻破它。

（三）其他对称加密算法

1. 国际数据加密算法

国际数据加密算法（IDEA）是加密算法中最好、最安全的一种。由瑞士联邦科学技术学院（SFT）的 Xuejia Lai 和 James Massey 提出。IDEA 使用三个 64 位的块，以进一步防范加密分析过程。IDEA 使用了密码反馈操作，使得算法强度更高。在这种模式下，密文输出也被用来作为加密运算的输入。

IDEA 的另一个重要特点是它的密钥长度为 128 位。正如 DES，密钥越长，其保密性越好。当试图破译 IDEA 时，它和 DES 一样没有泄露任何明文组成的信息。IDEA 能够将一位的明文扩散到多位的密文中，以达到完全隐藏明文的统计结构。

2. CAST 算法

CAST 算法由 Carlisle Adams 及 Stafford Tavares 开发。该算法使用 64 位的块长及 64 位的密钥，它使用六个八位输入、32 位输出的 S 盒，这些 S 盒的结构太复杂，已经超出了本书的范围。想得到更多关于此方面的信息，可参考相关书籍。

CAST 加密过程是将明文块分为两个子块：左子块和右子块。该算法有八圈，每圈一半明文经过函数运算与某一密钥组合，然后将结果与另半部分异或，左子块形成新的右子块，原来的右子块变为左子块。经过八次这样的运算之后，这两部分的输出就是密文，可见这种运算十分简单。

3. Skipjack 算法

Skipjack 算法是 NSA 为 Clipper 芯片开发的加密算法。它被确定为美国政府机密，没有太多关于该算法的描述。但有一点已经清楚：它是一个对称密钥算法，使用 80 位的密钥，且加、解密需要进行 32 轮运算。

Clipper 芯片是一种使用 Skipjack 算法的加密芯片，是一种由 NSA 设计的商用加密芯片。AT&T 用它加密语音电话线路，NSA 采用 Skipjack 算法加密自己的信息系统。因此，可以认为算法本身是安全的。Skipjack 算法使用长为 80 位的密钥，也就是说有 280（大约 1024）或更多可能的密钥可供使用。这意味着要用 4000 亿年才能穷尽该算法的密钥空间。

Clipper 芯片使用带两个密钥的 Skipjack 算法。无论是谁，只要知道了"主密钥"就可以解密所有用该芯片加密的信息。因此，在必要情况下，NSA 至少在理论上可以利用它的"主密钥"破译一切用 Clipper 芯片加密的信息。这种在算法中留有后门的方法被称为第三方密钥（Key Escrow）。

每块 Clipper 芯片内有一个独一无二的 80 位单元密钥（KU）。拥有 KU 可以解开所有经由这块芯片产生的密文。KU 分两个子密钥 KU1 和 KU2，满足 KU1 $\oplus$ KU2 = KU，这两个子密钥分别交由两个独立的可信任的机构保存。此外，每块芯片内还有一个 80 位的族密钥（KF）和一个序列号（UID）。

在进行秘密通信之前，双方先商定一个 80 位的会话密码（Session Key，KS）。双方的通信内容用 KS 来加密，这里用 EKS［M］来表示密文。除传输密文外，每次通信时，另有一段所谓的"执法访问区"（Law Enforcement Access Field，LEAF）也会传到对方。LEAF 的构成是将会话密钥 KS 用单元密钥 KU 加密之后，再会同芯片的序列号 UID 及一串认证码（Authentication Code）P，以族密钥 KF 将其全部加密。

密文接收者首先对 LEAF 解密，验证其中的认证码以鉴别密文的真伪，其次用共同会话密钥解开密文。执法机关要解开此密文时，先用 KF 解开 LEAF，得到芯片的序列号 UID 的两个子密钥 KU1 和 KU2，这样就能解开密文。

通过对上面几种对称加密算法的讨论，基本的结论是：在短时间内 DES 不会受到致命攻击。IDEA 的设计者是民间学者，不像 DES 和 Skipjack 那样受到 NSA 的影响，因此，人们比较接受 IDEA 算法没有后门的说法。此外，IDEA 采用 128 位的密钥，较 DES 和 Skipjack 的 56 位和 80 位都长，因此，其抗攻击能力也比较强。

冷战结束后，密码学的研究几乎完全从军事目的转成商业应用。密码学与其他科学的不同之处在于：其研究和发展必须是"本土性"的科学，不能像其他科学一样能依赖引进，这里归纳几个设计密码算法的基本原则。

（1）安全性：使用密钥的长度应在 100 位左右，同时还要考虑运算轮转的次数。

（2）简易性：尽量使用简单的数学及逻辑运算以加快速度。

（3）混淆性：DES 使用 S 盒，IDEA 使用三种函数的混合，其目的就是使密文、明文和密钥的关系复杂到没法分析。

（4）扩散性：目的在于改变明文中的一位，对密文中的所有位都影响。

（5）规律性：目的在于方便用软件和硬件实现，规律性一般体现在操作的重复上。

（6）相同性：加密与解密结构应相同，其差别只在于子密钥产生的不同。

二、关于非对称加密算法

不对称加密算法要用到两个密钥，一个是公共的，一个是私人的。一个密钥负责加密（编码），另一个负责解密（译码）。在仅知公共密钥的前提下，不可能推导出私人密钥是什么，根据前面的定义，我们认为公共密钥算法是"计算安全"的，好的非对称密钥算法是建立在单向函数基础上的。

一般认为非对称密钥加密算法是由 Whitfield Diffie 和 Martin Hellman 发明的。详情可见其论文《加密新思路》（*New Directions in Cryptography*），由 IEEE 的《信息理论学报》于 1976 年出版。近年来，英国政府的通信电子安全协会（CESG）公开了一些文件，显示出其密码专家实际提出这一概念是 1970 年，James Ellis 草拟了一份 CESG 内部报告，以《保证不安全的数字加密的安全可能》为标题，其中讨论了一种可行的理论。后来，Clifford Cocks 和 Malcolm Williamson 分别撰写论文，对实际的方案进行了描述，其内容已基本接近后来的 RSA 以及 Diffie-Hellman 方案。但无论如何，Diffie-Hellman 论文的出版是一个异常重要的事件，相比推迟了 20 多年才公开的英国政府文件，它要重要得多。

（一）RSA 算法

目前最流行的非对称密钥算法是 RSA，名称来源于它的发明者：Ron Rivest、Adi Shamir 以及 Leonard Adleman。RSA 之所以能够保密，关键在于大质数的乘积因子的分解困难。RSA 的重要特点是其中一个密钥可用来加密数据，另一个密钥可用来解密。这意味着任何人都能用密钥持有者的公共密钥对一条消息进行加密，而只有密钥持有者才能对它进行解密。另外，密钥持有者也可用自己的私有密钥对任何东西进行加密，而拿到密钥持有者的公共密钥的任何人都能对其解密。

（二）El-Gamal 算法

另一种非对称密钥加密系统是 El-Gamal，名称也是由其发明者得来的。El-Gamal 加密系统建立在"离散对数问题"的基础上，其基础是 Diffie-Hellman 密钥交换算法，使通信双方能通过公开通信推导出只有他们知道的私有密钥值。它的主要缺点是密文长度达到了明文的两倍，对于已经非常饱和的网络来说，这无疑是一个致命缺点，并且算法在应对中间人攻击时表现明显比 RSA 脆弱。

其他的常见公共密钥加密算法还有背包算法、Rabin 和 ECC（Elliptic Curve Cryptography，椭圆曲线加密算法）等，限于篇幅与理论知识的要求，这里不做介绍，需要了解请参阅有关资料。

第三节　信息摘要算法及数字签名的应用

一、信息摘要算法的分析

信息摘要（Message Digest，MD）算法（通常称之为哈希算法），能对任何输入的信息进行处理，生成 128 位长的"信息摘要"输出，也称为"指纹采集"。理论上，要求两个不同的输入信息不能有相同的信息摘要。

信息摘要算法技术的产生源于非对称密钥体制的发展。RSA 的出现使数字签名成为可能，但由于 RSA 的计算效率较低，难以实用化。于是 RSA 的发明者之一，MIT 的 Ron Rivest 教授提出了信息摘要算法 MD，由于该算法用于商业化的安全产品，所以没有发表。Rivest 教授后来又提出了 MD2（RFC1319）。之后，Xeror 的 Merkle 于 1990 年提出一个新的信息摘要算法 SNEFRU，计算效率比 MD2 高几倍，这又促使 Rivest 将 MD2 改进为 MD4，效率比 SNEFRU 更高一些。SNEFRU 于 1992 年被攻破，即可以为一个摘要构造出两个不同的信息；MD4 也发现有一些弱点，于是 MD4 又改进为 MD5，强度增加，效率降低。美国 NIST 另外建议了一个信息摘要算法 SHS，它比 MD5 强度更高，但效率更低。下面简单分析几个常用的信息摘要算法。

（一）MD5 算法

MD5 是 MD 算法的最新版本，是一种安全的哈希算法，是由 RSA Data Security 公司提出的。MD5（Message-Digest Algorithm 5）是一个在世界范围内有着广泛应用的散列函数算法，它曾一度被认为是非常安全的。然而，在 2004 年 8 月 17 日美国加利福尼亚圣巴巴拉召开的国际密码学会议上，来自我国山东大学的王小云教授做了破译 MD5、HAVAL-128、MD4 和 RIPEMD 算法的报告。她的研究成果是近年来密码学领域的最具实质性的进展。

王小云教授发现，可以很快找到 MD5 的"碰撞"，这意味着，当在网络上使用电子签名签署一份合同后，还可能找到另外一份具有相同签名但内容迥异的合同，这样两份合同的真伪性便无从辨别。王小云教授的研究成果证实了利用 MD5 算法的"碰撞"可以严重威胁信息系统的安全，这一发现使目前电子签名的法律效力和技术体系受到挑战。

但是就目前的技术水平和可能的应用而言，还很难找到一种综合性能更好的可以替代 MD5 的算法，所以本节仍对 MD5 做介绍。

1. MD5 算法原理

该算法将所须处理的文件以 512 位分组，每一分组又划分为 16 个 32 位子分组，并初始化 4 个 32 位的变量 A、B、C、D。算法的输出由 4 个 32 位变量组成，将它们连接形成一个 128 位散列值。MD5 对文件进行"摘要"的过程如下：

（1）填充文件，使其长度为模 512 余 448 位。填充方法是，填充部分第一位为 1，后面全为 0。

（2）添加文件原始长度（未填充前）项 64 位，使此时文件总长度正好为 512 的整数倍。

（3）初始化 4 个 32 位连接变量 A、B、C、D，其中 $A = 0x1234567$，$B = 0x89abcdef$，$C = 0xfedcba98$，$D = 0x76543210$。

（4）进行算法主循环。主循环次数是文件中 512 位分组的数目。每次主循环又分四轮，每一轮进行 16 次操作。每次主循环时，先将 A、B、C、D 复制到另四个变量 a、b、c、d 中，每次操作对 a、b、c 和 d 中的任意三个做一次非线性函数运算，然后将所得结果加上第四个变量、文件中的一个子分组和一个常数，再将所得结果向左移若干位，并加上 a、b、c 或 d 中的一个，后用该结果取代 a、b、c 或 d 中的一个。

四轮操作结束后，将 A、B、C、D 分别加上 d、b、c、d，然后用下一分组数据继续运行算法，最后的输出是 A、B、C 和 D 的级联。

2. MD5 算法的应用

可以利用 MD5 算法设计一个文件完整性检测的程序。

为了检测数据是否被非法篡改，一般可采用比较数据文件长度、文件修改时间等方法，以此来判断数据文件是否发生了变化。但这样的比较存在一些问题：当入侵者仅将数据文件中的一部分内容替换成大小相同的其他内容时，通过比较文件的长度就无法发现文件的改变；当入侵者修改了系统时间后，通过比较数据文件的修改时间也无法发现文件已被篡改。而采用单向散列函数可克服这些缺陷。通过将单向散列函数作用于数据文件，得到一个固定的散列值。数据文件发生任何一点变化，通过单向散列函数计算出的散列值就会不同。

（二）其他信息摘要算法

1. 安全哈希算法

安全哈希算法（SHA）也被称为安全哈希标准（Secure Hash Standard，SHS），是由美国政府提出的，它能为任意长度的字符串生成 160 位的哈希值。它比 MD5 慢 25%，但更安全，因为它的信息摘要比由 MD 函数产生的要长 25%，这使得它能比 MD5 更加有效地抵抗强行攻击。

SHA 在结构上与 MD4、MD5 相似，即将信息分成若干个 512 位的定长块，每一块与当前的信息摘要值结合，产生信息摘要的下一个中间结果，直至处理完毕。对于每一个信息块，SHA 使用五遍扫描，因此效率比 MD5 低。SHA 的填充与 MD4 一样。信息摘要的初值为 0x67452301、0xEFCDAB89、0x98BADCFE 和 0xC3D2E1F0。

2. HMAC 算法

HMAC（RFC2104）是由 IBM 的 H. Krawczyk 等人于 1997 年提出的一种利用对称密钥 K 和单向函数 H（类同于 MD5 或 SHA-1 等）生成信息鉴别码的方法，其特点是直接使用现有的单向函数，计算效率和安全强度依赖于所选用的单向函数，密钥和函数的管理比较简单。

二、数字签名的应用

（一）数字签名概述

1. 数字签名的概念

有许多种技术可以保证信息的安全不受侵犯，如加密技术、访问控制技术、认证技术以及安全审计技术等，但这些技术大多数是用来预防的，信息一旦被攻破，不能保证信息的完整性。

对文件进行加密只解决了传送信息的保密问题，而防止他人对传输的文件进行破坏，以及如何确定发信人的身份还需要采取其他的手段，这一手段就是数字签名。在电子商务安全保密系统中，数字签名技术占有特别重要的地位，在电子商务安全服务中的源鉴别、完整性服务、不可抵赖服务中，都要用到数字签名技术。在电子商务中，完善的数字签名应具备签字方不能抵赖、他人不能伪造、在公证人面前能够验证真伪的功能。那么，什么是数字签名技术？它有什么特殊功能呢？

在数字签名技术出现之前，曾经出现过一种"数字化签名"技术，简单地说就是在手写板上签名，然后将图像传输到电子文档中，这种"数字化签名"可以被剪切，然后粘贴到任意文档上，这样非法复制非常容易实现，所以这种签名的方式是不安全的。

数字签名技术与数字化签名技术是两种截然不同的安全技术，数字签名与用户的姓名和手写签名形式毫无关系，它实际使用了信息发送者的私有密钥变换所须传输的信息。对于不同的文档信息，发送者的数字签名并不相同。没有私有密钥，任何人都无法完成非法复制。

从这个意义上来说，数字签名的含义是通过一个单向函数对要传送的报文进行处理得到的，用以认证报文来源并核实报文是否发生变化的一个字母数字串。

数字签名的作用就是为了鉴别文件或书信的真伪，传统的做法是相关人员在文件或书信上亲笔签名或盖印章。签名起到认证、核准、生效的作用。数字签名用来保证信息传输过程中信息的完整和提供信息发送者的身份的确认。

2. 数字签名原理

数字签名技术在具体工作时，首先由发送方对信息施以数学变换，所得的信息与原信息唯一对应；接收方进行逆变换，得到原始信息。只要数学变换方法优良，变换后的信息在传输中就具有很强的安全性，很难被破译、篡改。这一过程称为加密，对应的反变换过程称为解密。

现在有两类不同的加密技术，一类是对称加密，双方具有共享的密钥，只有在双方都知道密钥的情况下才能使用，通常应用于孤立的环境之中，例如，在使用自动取款机（ATM）时，用户需要输入用户识别号码（PIN），银行确认这个号码后，双方在获得密码的基础上进行交易。当用户数目过多，超过了可以管理的范围时，这种机制并不可靠。

另一类是非对称加密，密钥是由公有密钥和私有密钥组成的密钥对，用私有密钥进行加密，利用公有密钥可以进行解密，但是由于公有密钥无法推算出私有密钥，所以公有密钥并不会损害私有密钥的安全，公有密钥无须保密，可以公开传播，而私有密钥必须保密，丢失时需要报告鉴定中心及数据库。

目前的数字签名建立在非对称密钥体制基础上，它是公用密钥加密技术的另一类应用。它的主要方式是，报文的发送方从报文文本中生成一个128位的散列值（或报文摘要）。发送方用自己的私有密钥对这个散列值进行加密来形成发送方的数字签名。然后，这个数字签名将作为报文的附件和报文一起发送给报文的接收方。报文的接收方首先从接收到的原始报文中计算出 128 位的散列值（或报文摘要），再用发送方的公有密钥来对报文附加的数字签名进行解密。如果两个散列值相同，那么接收方就能确认该数字签名是发送方的。通过数字签名能够实现对原始报文的鉴别。

在书面文件上签名是确认文件的一种手段，其作用有两点：第一，因为自己的签名难以否认，从而确认了文件已签署这一事实；第二，因为签名不易仿冒，从而确定了文件是真的这一事实。

数字签名与书面文件签名有相同之处，采用数字签名，也能确认以下两点：第一，信息是由签名者发送的；第二，信息自签发后到收到为止未曾做过任何修改。这样数字签名就可用来防止电子信息因易被修改而有人作伪，或冒用别人名义发送信息，或发出（收到）信件后又加以否认等情况发生。

应用广泛的数字签名方法主要有三种，即 RSA 签名、DSS 签名和 Hash 签名。这三种算法可单独使用，也可综合在一起使用。数字签名是通过密码算法对数据进行加、解密变换实现的，用 DES 算法、RSA 算法都可实现数字签名。但三种技术或多或少都有缺陷，或者没有成熟的标准。

数字签名的原理归纳如下：

（1）被发送文件采用哈希算法对原始报文进行运算，得到一个固定长度的数字串，称为报文摘要，不同的报文所得到的报文摘要也可能相同，但对相同的报文它的报文摘要却是唯一的。

（2）发送方生成报文的报文摘要，用自己的私有密钥对报文摘要进行加密来形成发送方的数字签名。

（3）这个数字签名将作为报文的附件和报文一起发送给接收方。

（4）接收方首先从接收到的原始报文中用同样的算法计算出新的报文摘要，再用发送方的公有密钥对报文附件的数字签名进行解密，比较两个报文摘要，如果值相同，则接收方能确认该数字签名是发送方的。

3．数字签名算法

（1）Hash 签名

Hash 签名不属于强计算密集型算法，应用较广泛。很多少量现金付款系统，如 DEC 的 Millicent 和 Cyber Cash 的 Cyber Coin 等都使用 Hash 签名。它可以降低服务器资源的消耗，减轻中心服务器的负荷。Hash 签名的主要局限是接收方必须持有用户密钥的副本以检验签名，因为双方都知道生成签名的密钥，所以较容易攻破，存在伪造签名的可能。如果中心或用户计算机中有一个被攻破，那么其安全性就受到了威胁。

Hash 签名是最主要的数字签名方法，也称之为数字摘要法（Digital Digest）或数字指纹法（Digital Finger Print）。它与 RSA 数字签名是单独的签名不同，该数字签名方法是将数字签名与要发送的信息紧密联系在一起，它更适合于电子商务活动。将一个商务合同的个体内容与签名结合在一起，与合同和签名分开传递相比，更增加了可信度和安全性。

数字摘要加密方法亦称安全 Hash 编码法（Secure Hash Algorithm，SHA）或 MD5（MD Standard For Message Digest），由 Ron Rivest 所设计。该编码法采用单向 Hash 函数将须加密的明文"摘要"成一串 128 位的密文，这一串密文亦称为数字指纹（Finger Print），它有固定的长度，且不同的明文摘要必定一致。这样这串摘要便可成为验证明文是否是"真身"的"指纹"了。

（2）DSS 和 RSA 签名

DSS 和 RSA 采用了公钥算法，不存在 Hash 的局限性。RSA 是最流行的一种加密标准，许多产品的内核中都有 RSA 的软件和类库。早在 Web 飞速发展之前，RSA 数据安全公司就负责数字签名软件与 Macintosh 操作系统的集成，在 Apple 的协作软件 PowerTalk 上还增加了签名拖放功能，用户只要把需要加密的数据拖到相应的图标上，就完成了电子形式的数字签名。RSA 与 Microsoft、IBM、Sun 和 Digital 都签订了许可协议，使在其生产线上加入了类似的签名特性。与 DSS 不同，RSA 既可以用来加密数据，也可以用于身份认证。和 Hash 签名相比，在公钥系统中，由于生成签名的密钥只存储于用户的计算机中，因此安全系数大一些。

RSA 或其他非对称密钥密码算法的最大方便是没有密钥分配问题（网络越复杂、网络用户越多，其优点越明显）。因为非对称密钥加密使用两个不同的密钥，其中有一个是公有的，另一个是保密的。公有密钥可以保存在系统目录内、未加密的 E-mail 信息中、电话黄页（商业电话）上或公告牌中，网上的任何用户都可获得公有密钥。而私有密钥是用户专用的，由用户本身持有，它可以对由公开密钥加密信息进行解密。

RSA 算法中数字签名技术实际上是通过一个哈希函数来实现的。数字签名的特点是它代表了文件的特征，文件如果发生改变，数字签名的值也将发生变化。不同的文件将得到不同的数字签名。一个最简单的哈希函数是把文件的二进制码相累加，取最后的若干位。哈希函数对发送数据的双方都是公开的。

DSS 数字签名是由美国国家标准化研究院和国家安全局共同开发的。由于它是由美国政府颁布实施的，因此主要用于与美国政府有商务往来公司，其他公司则较少使用，它只是一个签名系统，而且美国政府不提倡使用任何削弱政府窃听能力的加密软件，认为这才符合美国的国家利益。

4. 数字签名功能

在传统的商业系统中，通常利用书面文件的亲笔签名或印章来规定契约性的责任，在电子商务中，传送的文件是通过数字签名证明当事人身份与数据真实性的，数据加密是保护数据的最基本方法。

数字签名可以解决否认、伪造、篡改及冒充等问题。具体要求：发送者事后不能否认发送的报文签名，接收者能够核实发送者发送的报文签名，接收者不能伪造发送者的报文签名，接收者不能对发送者的报文进行部分篡改，网络中的某一用户不能冒充另一用户作为发送者或接收者。数字签名的应用范围十分广泛，在保障电子数据交换（EDI）的安全性上是一个突破性的进展，凡是需要对用户身份进行判断的情况都可以使用数字签名，如加密信件、商务信函、订货购买系统、远程金融交易、自动模式处理等。

（二）数字签名实现

实现数字签名有很多方法，目前数字签名采用较多的是非对称加密算法技术，如基于 RSA Date Security 公司的 PKCS（Public Key Cryptography Standards）、Digital Signature Algorithm、X.509、PGP（Pretty Good Privacy）。1994 年，美国标准与技术协会公布了数字签名标准（DSS）而使公钥加密技术广泛应用。

1. 用非对称加密算法进行数字签名

非对称加密使用两个密钥：公有密钥（Public Key）和私有密钥（Private Key），分别用于对数据进行加密和解密，即如果用公有密钥对数据进行加密，只有用对应的私有密钥才能进行解密；如果用私有密钥对数据进行加密，则只有用对应的公有密钥才能解密。签名和验证过程如下：

（1）发送方首先用公开的单向函数对报文进行一次变换，得到数字签名，利用私有密钥对数字签名进行加密后附在报文之后一同发出。

（2）接收方用发送方的公有密钥对数字签名进行解密变换，得到一个数字签名的明文。发送方的公钥是由一个可信赖的技术管理机构即验证机构（Certification Authority，CA）发布的。

（3）接收方将得到的明文通过单向函数进行计算，同样得到一个数字签名，再将两个数字签名进行对比，如果相同，则证明签名有效，否则无效。

这种方法使任何拥有发送方公有密钥的人都可以验证数字签名的正确性。由于发送方私有密钥的保密性，使得接收方既可以根据验证结果来拒收该报文，也能使其无法伪造报文签名及对报文进行修改，原因是数字签名是对整个报文进行的，是一组代表报文特征的定长代码，同一个人对不同的报文将产生不同的数字签名。这就解决了银行通过网络传送一张支票，而接收方可能对支票数额进行改动的问题，也避免了发送方逃避责任的可能性。

2．用对称加密算法进行数字签名

对称加密算法所用的加密密钥和解密密钥通常是相同的，即使不同也可以很容易地由其中的任意一个推导出另一个。在此算法中，加、解密双方所用的密钥都要保密。由于计算速度快而广泛应用于对大量数据如文件的加密过程中，如 RD4 和 DES。

3．加入数字签名和验证

只有加入数字签名和验证才能真正实现在公开网络上的安全传输。加入数字签名和验证的文件传输过程如下：

（1）发送方首先用哈希函数从原文得到数字签名，然后采用非对称密钥体系用发送方的私有密钥对数字签名进行加密，并把加密后的数字签名附加在要发送的原文后面。

（2）发送一方选择一个私有密钥对文件进行加密，并把加密后的文件通过网络传输到接收方。

（3）发送方用接收方的公有密钥对私有密钥进行加密，并通过网络把加密后的私有密钥传输到接收方。

（4）接收方使用自己的私有密钥对密钥信息进行解密，得到私有密钥的明文。

（5）接收方用私有密钥对文件进行解密，得到经过加密的数字签名。

（6）接收方用发送方的公有密钥对数字签名进行解密，得到数字签名的明文。

（7）接收方用得到的明文和哈希函数重新计算数字签名，并与解密后的数字签名进行对比。如果两个数字签名是相同的，则说明文件在传输过程中没有被破坏。

如果第三方冒充发送方发出了一个文件，因为接收方在对数字签名进行解密时使用的是发送方的公有密钥，只要第三方不知道发送方的私有密钥，解密出来的数字签名和经过计算的数字签名必然是不相同的。这就提供了一个安全的确认发送方身份的方法。

安全的数字签名使接收方可以得到保证：文件确实来自声称的发送方。鉴于签名私钥只有发送方自己保存，他人无法做一样的数字签名，因此发送方不能否认其参与了交易。

数字签名的加密解密过程和私有密钥的加密解密过程虽然都使用非对称密钥体系，但实现的过程正好相反，使用的密钥对也不同。数字签名使用的是发送方的密钥对，发送方用自己的私有密钥进行加密，接收方用发送方的公有密钥进行解密。这是一个一对多的关系，即任何拥有发送方公有密钥的人都可以验证数字签名的正确性，而私有密钥的加密解密则使用的是接收方的密钥对，这是多对一的关系，即任何知道接收方公有密钥的人都可以向接收方发送加密信息，只有唯一拥有接收方私有密钥的人才能对信息解密。在实用过程中，通常一个用户拥有两个密钥对，一个密钥对用来对数字签名进行加密解密，一个密钥对用来对私有密钥进行加密解密。这种方式提供了更高的安全性。

第四节　密钥管理与交换技术

一、密钥管理技术

密钥是加密系统的可变部分，就像是保险柜的钥匙。现代加密技术采用的加密算法一般都公开，因此系统的安全完全靠密钥来保证。在计算机网络环境中，由于有很多节点和用户，需要大量的密钥。如果没有一套妥善的密钥管理办法，其危险性是可想而知的，密钥一旦发生丢失或泄露，就可能造成严重的后果。因此，密钥的管理成为加密系统的核心问题之一。

（一）密钥的管理问题

对密钥进行保密就要使应该得到明文的用户得到明文，不应该得到明文的用户得不到有意义的明文，这就是密钥的管理问题。密钥管理是一项复杂细致的长期工程，既包含了一系列的技术问题，也包含了行政管理人员的素质问题，对于密钥的产生、分配、存储、更换、销毁、使用和管理等一系列环节，必须都注意到。每个具体系统的密钥管理必须与具体的使用环境和保密要求相结合，万能的、绝对的密钥管理系统是不存在的。实践表明，从密钥管理渠道窃取密钥比单纯从破译途径窃取密钥要容易得多，代价也要小得多。

依据应用对象的不同，密钥管理方式也不相同。如对于物理层加密，由于只在邻结点之间进行，因此密钥管理比较简单；而对于运输层以上（端到端）的加密，密钥管理就比较复杂；对于单结点构成的网络系统和多结点构成的分布式网络系统，密钥的管理就更加复杂。这里，我们主要讨论端到端加密的密钥管理办法，这些方法适用于主机和多终端系统，既能保护网络中通信的数据，也能保护网络中存储的数据。

一个良好的密钥管理系统，应尽可能不依赖人的因素，这不仅仅是为了提高密钥管理的自动化水平，同时也是为了提高系统的安全程度。为此，密钥管理系统有以下具体要求：

一是密钥难以被非法窃取。

二是在一定条件下，窃取了密钥也没有用。

三是密钥的分配和更换过程对用户是透明的。

一个密钥管理系统设计时，首先要明确解决什么问题，要考虑哪些因素。一般以下几个方面的因素必须考虑：

一是系统对保密的强度要求。

二是系统中哪些地方需要密钥，密钥采用何种方式预置或装入保密组件。

三是一个密钥的生命周期是多长。

四是系统安全对用户承受能力的影响。

上述因素有些是技术性的，有些则是非技术性的，只要对这些因素做认真考虑，就能设计出一个符合需求的密钥管理系统。

（二）密钥管理的一般技术

1. 密钥管理的相关标准与规范

目前，国际上有关的标准化机构都在着手制定关于密钥管理的技术标准和规范。ISO与ITC下属的信息技术委员会（JTC1）起草了关于密钥管理的国际规范。该规范主要由三部分组成，第一部分是密钥管理框架，第二部分是采用对称技术的机制，第三部分是采用非对称技术的机制。1997年，我国开始制定安全电子商务标准第一部分，其中就包括"密钥管理框架"。

2. 对称密钥管理

利用对称密钥进行的加密是基于共同保守秘密来实现的，通信的双方采用相同的密钥，因此，要保证密钥传递的安全可靠，同时还须约定密钥的操作程序。经过多年的实践和研究，可以通过非对称密钥技术实现对对称密钥的管理，使得原来烦琐、危险的管理变得简单而安全。

（1）密钥的生成：生成密钥的算法应该是"强壮"的，生成的密钥空间不能低于密码算法中所规定的密钥空间。在允许随机选择时，要规定不能使用现实中有意义的字符串。可采取随机数序列发生器，以保证密钥的随机生成，如"PGP"加密工具的随机数"种子"取自用户的敲击键盘的间隔时间。

（2）密钥的管理：在密钥的整个生命周期内，对密钥的各阶段的管理操作要遵守一定的原则：最小特权原则、最少设备原则和不影响正常工作原则。

密钥管理基本内容：处于存储状态的密钥必须确保安全，必要时可以对其进行加密保护。

（3）密钥的分配、传递必须通过机要或专门的渠道进行，也可在进行可靠的加密后通过网络传递，密钥传递机制不能与信息传递机制相同，在安全性上必须高于信息传递机制。大型网络的密钥分配和传递应设计专门协议。

要根据不同的密钥种类确定密钥更换周期，要有在紧急情况下销毁密钥的手段和措施，严防密钥丢失或脱离安全保护，要及时发现和废止已泄露或可能泄露的密钥。

用于现场加密信息的密钥最好临时注入密钥，在机器中长期驻留的密钥是容易受攻击的，若必须长期驻留则应加强物理保护措施。

重视密钥备份管理，备份是为了应对意外事件的必要补救措施，备份的保存在物理和逻辑上都应是安全的。

对于非商业的要害部门从国外进口的密码算法和设备不经消化改造不得投入运行，密码进口审批权在国家密码主管部门。

3. 非对称密钥管理

非对称密钥管理的主要形式是数字证书，网络通信双方之间可以使用数字证书来交换公有密钥。按照 X.509 标准，数字证书包括唯一标志证书所有者、唯一标志证书发布者、证书所有者的公有密钥、证书颁布者的公有密钥、证书的有效期等信息。证书的颁布者一般称为证书管理机构（CA），是用户间都信任的独立机构。目前微软的 Internet Explorer 和 Netscape 的 Navigator 等应用系统都提供了利用数字证书作为身份鉴别的手段。

4. 密钥托管

在加密方面出现的许多问题使一些政府机构正努力寻找一种安全监视的方法，如为了监视犯罪组织利用加密技术进行的犯罪活动，而执法部门难以取得有效证据等，从而提出"密钥恢复""密钥托管"或"受信任的第三方"的加密要求。

所谓"密钥托管"就是阻止加密系统的滥用或用于非法目的，通过立法手段，在加密系统中加入保证执法部门能获取明文的技术措施，如前面提到的 Clipper 加密芯片等。因此，从广义上讲，"密钥恢复"是指任何一个受信任的第三方获取加密信息的系统。

二、密钥交换技术

网络上的两个结点系统在安全交换数据之前，必须首先建立某种约定，这种约定称为

"安全关联"，指双方需要就如何保护信息、交换信息等公用的安全设置达成一致。更重要的是，必须有一种方法，使这两个结点系统安全地交换一套密钥，以便在它们的连接中使用，这种机制就是密钥交换。

Internet 工程任务组 IETF 制定的安全关联标准法和密钥交换解决方案 IKE（Internet 密钥交换）负责这些任务，它提供一种方法供两个结点系统之间建立安全关联，以便对它们之间的策略协议进行编码，指定它们将使用哪些算法和什么样的密钥长度，以及实际的密钥本身。

（一）Diffie-Hellman 密钥交换技术

对称加密算法和对称 MAC（信息校验码）都要求使用一个共享的密钥。由于一次不安全的密钥交换，加密及身份验证技术的保密性有可能完全丧失。

Diffie-Hellman 密钥交换是第一种非对称密钥加密系统。利用 Diffie-Hellman 交换技术，可在一个不保密的、不受信任的通信信道上，在交换的双方之间建立起一个安全的共享秘密的会话。

Diffie-Hellman 交换过程中涉及的所有参与者首先都必须隶属于一个组。这个组定义了要使用哪个质数 p，以及底数 g。Diffie-Hellman 密钥交换是一个包括两部分的过程。在每一端（以 Alice 和 Bob 为例）的第一部分，需要选择一个随机的私人数字（由当事人的小写首字母表示），并在组内进行乘幂运算，产生一个公共值（当事人的大写首字母）。

Diffie-Hellman 密钥交换的一个缺点是易受"中间人"的攻击。在这种攻击中，Mallory 会在 Alice 面前模仿 Bob，而在 Bob 面前模仿 Alice。Alice 认为自己是在同 Bob 进行一次 Diffie-Hellman 交换，但实际交流的却是 Mallory。类似地，与 Bob 交流的实际也是 Mallory。这样，Alice 可能会向 Bob 发送受共享密钥保护的秘密信息，认为自己真的是和 Bob 分享秘密。Mallory 自然可对其进行解密，复制它，再用 Bob 拥有的秘密对其重新进行加密（Bob 认为是在和 Alice 分享这个秘密）。这样无论是 Alice 还是 Bob，都侦测不到信息的来源到底是哪里。应对这种所谓的"中间人"攻击的办法也很简单，只要 Alice 和 Bob 为自己的公共值加上了数字签名，便能有效地防范此类攻击。

（二）RSA 密钥交换技术

使用 RSA 加密系统，既可用公有密钥加密，亦可用私有密钥加密。此外，一个密钥加密的东西可被另一个密钥解密，利用这种能力，可进行非常简化的密钥交换。假如 Alice 想用对称加密算法来保护自己同 Bob 的通信，便可挑选一个随机数作为密钥，用 Bob

的公有密钥对它进行加密，再把它传给 Bob。这样，只有 Bob 能够对密钥进行解密，因为只有它才拥有自己的私有密钥。

但这种方式也存在一个明显的问题，那就是任何人（如 Mallory）都可用 Bob 的公有密钥加密任何东西，不仅 Alice 才能。所以，Alice 需要利用一种手段，将自己同这个密钥结合到一起。同样地，一个数字签名就可达到目的。Alice 可为自己的密钥加上签名，然后用 Bob 的公共密钥同时对自己的密钥和签名进行加密。另外，Diffie-Hellman 交换的好处是通信双方都会对最终的密钥施加影响，没有人能将一个密钥强行施加给对方。

第五节　网络中的信息加密技术

信息加密技术是所有网络上通信安全所依赖的基本技术。在网络上具体实施时，根据网络层次的不同数据加密方式主要有链路加密、结点加密和端到端加密三种。

一、链路加密

链路加密是较常用的加密方法之一，通常用硬件在物理层实现，用于保护通信结点间传输的数据。这种加密方式比较简单，实现也比较容易，只要将一对密码设备安装在两个结点间的线路上，使用相同的密钥即可。用户没有选择的余地，也不需要了解加密技术的细节。一旦在一条线路上采用链路加密，往往需要在全网内都采用链路加密。这种方式在临近的两个结点之间的链路上传送是加密的，而在结点中信息是以明文形式出现的。在实施链路加密时，报头和报文一样都要进行加密。

链路加密方式对用户是透明的，即加密操作由网络自动进行，用户不能干预加密/解密过程。这种加密方式可以在物理层和链路层实现，主要以硬件方式完成，用以对信息或链路中可能被截取的信息进行保护。这些链路主要包括专用线路、电话线、电缆、光缆、微波和卫星通道等。

二、结点加密

结点加密是链路加密的改进，其目的是克服链路加密在结点处易遭非法存取的缺点。在协议栈的运输层上进行加密，是对源结点和目的结点之间传输的数据信息进行加密保护。实现方法与链路加密类似，只是将加密算法组合到依附于结点的加密模块中。这种加密方式明文只出现在结点的保护模块中，可以提供用户结点间连续的安全服务，也能实现对等实体鉴别。

结点加密也是每条链路使用一个专用密钥，但从一个密钥到另一个密钥的变换过程是在保密模块中进行的。

三、端到端加密

传输层以上的加密通称为端到端加密。端到端加密对面向协议栈高层的主体进行加密，一般在表示层以上实现。协议信息以明文形式传输，用户数据在中间结点不需要加密。端到端加密一般由软件完成。在网络高层进行加密，不需要考虑网络低层的线路、调制解调器、接口与传输码等细节，但要求用户的联机自动加密软件必须与网络通信协议软件结合，而各厂商的网络通信协议软件往往各不相同，因此，目前的端到端加密往往采用脱机调用方式。端到端加密也可以采用硬件方式实现，不过该加密设备要么能识别特殊的命令字，要么能识别低层协议信息，要完成对用户数据的加密，硬件实现往往有很大难度。

大型网络系统中，交换网络在多收发方传输信息时，用端到端加密是比较合适的。端到端加密往往以软件方式实现，并在协议栈的高层（应用层和表示层）上完成。数据在通过各结点传输时一直对数据进行保护，只是在终点进行加密处理。在数据传输的整个过程中，以一个能变化的密钥和算法进行加密。在中间结点和有关安全模块中不出现明文，端到端加密或结点加密时，不加密报头，只加密报文。

端到端加密具有链路加密和结点加密所不具有的优点。一是成本低，由于端到端加密在中间结点都不需要解密，即数据到达目的地之前始终用密码保护着，所以只要求源结点和目的结点具有加密/解密设备，而链路加密则要求处理加密信息的每条链路均要配有加密/解密设备；二是端到端加密比链路加密更安全；三是端到端加密可以由用户提供，因此对用户来说这种加密方式比较灵活。然而，由于端到端加密只加密报文，数据报头还是保持明文形式，所以容易被流量分析者所利用；另外，端到端加密所需的密钥数量远大于链路加密，因此，对端到端加密而言，密钥管理代价是十分昂贵的。

第四章 计算机信息技术应用

第一节　云计算的应用

一、云计算的含义

由于云计算（Cloud Computing）正在发展之中，从不同角度出发就会有不同的理解。这里，不去讨论各个角度对云计算的不同理解，只说明大家比较认同的部分。以下定义基本上涵盖了各个方面的看法：云计算是一种计算模式，在这种模式下，动态可扩展而且通常是虚拟化的资源通过互联网以服务的形式提供出来。终端用户不需要了解"云"中基础设施的细节，不必具有相应的专业知识，也无须直接进行控制，而只须关注自己真正需要什么样的资源，以及如何通过网络来得到相应的服务。"云"已经为用户准备好了存储、计算、软件等资源，用户需要使用时，即可采取租赁方式使用。

二、云计算的特征和分类

（一）云计算的公共特征

1. 弹性伸缩

云计算可以根据访问用户的多少，增减相应的 IT 资源（包括 CPU、存储、带宽和中间件应用等），使得 IT 资源的规模可以动态伸缩，满足应用和用户规模变化的需要。

2. 快速部署

云计算模式具有极大的灵活性，足以适应各个开发和部署阶段的各种类型和规模的应用程序。提供者可以根据用户的需要及时部署资源，最终用户也可按需选择。

3. 资源抽象

最终用户不知道云上的应用运行的具体物理位置，同时云计算支持用户在任意位置使用各种终端获取应用服务，用户无须了解、也不用担心应用运行的具体位置。

4. 按使用量收费

即付即用（Pay-as-you-go）的方式已广泛应用于存储和网络宽带技术中。例如，Google 的 App Engine 按照增加或减少负载来达到其可伸缩性，而其用户按照使用 CPU 的周期来付费；Amazon 的 Web 服务则是按照用户所占用的虚拟机结点的时间来进行付费（以小时为单位），根据用户指定的策略，系统可以根据负载情况进行快速扩张或缩减，从而保证用户只使用其所需要的资源，达到为用户省钱的目的。

（二）云计算的分类

1. 根据云的部署模式和云的使用范围进行分类

根据云的部署模式和云的使用范围可以分为：公共云、私有云和混合云。当云以按服务方式提供给大众时，称为"公共云"。公共云由云提供商运行，为最终用户提供各种 IT 资源。云提供商可以提供从应用程序、软件运行环境，到物理基础设施等方方面面的 IT 资源的安装、管理、部署和维护。最终用户通过共享的 IT 资源实现自己的目的，并且只要为其使用的资源付费。在公共云中，最终用户不知道与其共享使用资源的还有其他哪些用户，以及具体的资源底层如何实现，甚至几乎无法控制物理基础设施。所以，云服务提供商必须保证所提供资源的安全性和可靠性等非功能性需求，云服务提供商的服务级别也因为这些非功能性服务提供的不同进行分级。特别是需要严格按照安全性和法规遵从性的云服务要求来提供服务，也需要更高层次、更成熟的服务质量保证。公共云的示例包括 Google App Engine、Amazon EC2、IBM Developer Cloud 与无锡云计算中心等。

商业企业和其他社团组织不对公众开放，为本企业或社团组织提供云服务（IT 资源）的数据中心称为"私有云"。相对于公有云，私有云的用户完全拥有整个云计算中心的设施，可以控制哪些应用程序在哪里运行，并且可以决定允许哪些用户使用云服务。由于私有云的服务提供对象是针对企业或社团内部，私有云上的服务可以更少地受到在公共云中必须考虑的诸多限制等手段，私有云可以提供更多的安全和私密等保证。私有云提供的服务类型也可以是多样化的，私有云不仅可以提供 IT 基础设施的服务，而且也支持应用程序和中间件运行环境等云服务，比如企业内部的管理信息系统云服务。"中石化云计算"就是典型的支持 SAP 服务的私有云。

混合云是把"公共云"和"私有云"结合到一起的方式。用户可以通过一种可控的方式部分拥有，部分与他人共享。企业可以利用公共云的成本优势，将非关键的应用部分运行在公共云上；同时将安全性要求高、关键性更强的主要应用通过内部的私有云提供服务。荷兰的 iTricity 云计算中心就是混合云的例子。

2. 依据云计算的服务层次和服务类型进行分类

依据云计算的服务层次和服务类型可以将云分为三层：基础架构即服务、平台即服务和软件即服务。

基础架构即服务（Infrastructure as a Service，IaaS）位于云计算三层服务的底端，提供的是基本的计算和存储能力，提供的基本单元就是服务器，包括 CPU、内存、存储、操作系统及一些软件。具体例子如 IBM 为无锡软件园建立的云计算中心以及 Amazon 的 EC2。

平台即服务（Platform as a Service，PaaS）位于云计算三层服务的中间。提供给终端用户基于互联网的应用开发环境，包括应用编程接口和运行平台等，并且支持应用从创建到运行整个生命周期所需的各种软硬件资源和工具。在 PaaS 层面，服务提供商提供的是经过封装的 IT 能力，或者说是一些逻辑的资源，比如数据库、文件系统和应用运行环境等。PaaS 的产品示例包括 IBM 的 Rational 开发者石、Saleforce 公司的 Force. com 和 Google 的 Google App Engine 等。

软件即服务（Software as a Service，SaaS）是最常见的云计算服务，位于云计算三层服务的顶端。用户通过标准的 Web 浏览器来使用 Internet 上的软件。服务供应商负责维护和管理软硬件设施，并以免费或按需租用方式向最终用户提供服务。这类服务既有面向普通用户的，如 Google Calendar 和 Gmail；也有直接面向企业团体的，用以帮助处理工资单流程、人力资源管理、协作、客户关系管理和业务合作伙伴关系管理等，如 Salesforce. com 和 Sugar CRM。

三、云计算体系结构

云计算的体系结构由五部分组成，分别为应用层、平台层、资源层、用户访问层和管理层。云计算的本质是通过网络提供服务，所以其体系结构以服务为核心。

资源层是指基础架构层面的云计算服务，这些服务可以提供虚拟化的资源，从而隐藏物理资源的复杂性。物理资源指的是物理设备，如服务器等；服务器服务指的是操作系统的环境，如 Linux 集群等；网络服务指的是提供的网络处理能力，如防火墙、VLAN、负载等；存储服务为用户提供存储能力。

平台层为用户提供对资源层服务的封装，使用户可以构建自己的应用。数据库服务提供可扩展的数据库处理的能力；中间件服务为用户提供可扩展的消息中间件或事务处理中间件等服务。

应用层提供软件服务。企业应用是指面向企业的用户，如财务管理、客户关系管理、商业智能等；个人应用指面向个人用户的服务，如电子邮件、文本处理、个人信息存储等。

用户访问层是方便用户使用云计算服务所需的各种支撑服务，针对每个层次的云计算服务都需要提供相应的访问接口。服务目录是一个服务列表，用户可以从中选择需要使用的云计算服务；订阅管理是提供给用户的管理功能，用户可以查阅自己订阅的服务，或者终止订阅的服务；服务访问是针对每种层次的云计算服务提供的访问接口，针对资源层的访问可能是远程桌面或者 X-window，针对应用层的访问，提供的接口可能是 Web。

管理层是提供对所有层次云计算服务的管理功能：安全管理提供对服务的授权控制、用户认证、审计、一致性检查等功能；服务组合提供对已有云计算服务进行组合的功能，使得新的服务可以基于已有服务创建；服务目录管理服务提供服务目录和服务本身的管理功能，管理员可以增加新的服务，或者从服务目录中除去服务；服务使用计量对用户的使用情况进行统计，并以此为依据对用户进行计费；服务质量管理提供对服务的性能、可靠性、可扩展性进行管理；部署管理提供对服务实例的自动化部署和配置，当用户通过订阅管理增加新的服务订阅后，部署管理模块自动为用户准备服务实例；服务监控提供对服务的健康状态的记录。

四、主要云计算平台介绍

（一）Amazon 的 EC2

Amazon 是美国最大的在线零售商，迄今包括 4 种主要的服务：简单存储服务（Simple Storage Service，S3）、弹性计算云（Elastic Compute Cloud，EC2）、简单消息队列服务（Simple Queuing Service）、简单数据库管理（SimpleDB）。Amazon 现在通过互联网提供存储、计算、消息队列、数据库管理系统等"即插即用"服务。Amazon 是最早提供远程云计算平台的服务公司，其云计算平台 EC2 是 2006 年推出的，目前在美国科研上获得了很好的应用。

（二）Google 的 App Engine

Google 推出了 Google App Engine，它允许开发人员编写 Python 应用程序，然后把应用构建在 Google 的基础架构上，Google 能提供多达 500 MB 的免费存储空间。对于最终用户来说，Google APPs 提供了基于 Web 的电子文档、电子数据表以及其他生产性应用服务。

Google 的云计算实际上是针对 Google 特定的网络应用程序而定制的，针对内部网络数据规模超大的特点，Google 提出了一套基于分布式并行集群方式的基础架构，包括 4 个相互独立又密切结合在一起的系统：建立在集群之上的文件系统 GFS（Google File System）、MapReduce 编程模式、分布式锁机制 Chubby 以及大规模分布式数据库 BigTable。

虽然 Google 可以说是云计算最大的实践者，但是，Google 的云计算平台是私有的环境，特别是 Google 的云计算基础设施还没有开放出来。除了开放有限的应用程序接口，例如 GWT（Google Web Toolkit）以及 Google Map API 等，Google 并没有将云计算的内部基础设施共享给外部的用户使用，上述的所有基础设施都是私有的。幸而 Google 开放了其内部集群环境的一部分技术，使得全球的技术开发人员能够根据这一部分文档构建开源的大规模数据处理云计算基础设施，其中最有名的项目即 Apache 旗下的 Hadoop 项目。

（三）Hadoop 云计算平台

Hadoop 项目的目标是建立一个能够对大数据进行可靠的分布式处理的可扩展开源软件框架。Hadoop 面向的应用环境是大量低成本计算机构成的分布式运算环境，因此，它假设计算结点和存储结点会经常发生故障，为此设计了副本机制，确保能够在出现故障结点的情况下重新分配任务。同时，Hadoop 以并行的方式工作，通过并行处理加快处理速度，具有高效的处理能力。从设计之初，Hadoop 就为支持可能面对的 PB 级大数据环境进行了特殊设计，具有优秀的可扩展性。可靠、高效、可扩展这三大特性，加上 Hadoop 开源免费的特性，使得 Hadoop 技术得到了迅猛发展。

（四）IBM 的 Blue Cloud

IBM 的 Blue Cloud（蓝云）计算平台是一套软、硬件平台，将 Internet 上使用的技术扩展到企业平台上，使得数据中心使用类似于互联网的计算环境。"蓝云"大量使用了IBM 先进的大规模计算技术，结合了 IBM 自身的软硬件系统以及服务技术，支持开放标准与开放源代码软件。"蓝云"基于 IBMAlmaden 研究中心的云基础架构，采用 Xen 和 PowerVM 虚拟化软件、Linux 操作系统映像以及 Hadoop 软件。

IBM "蓝云"解决方案是 IBM 云计算中心经过多年的探索和实践开发出来的先进的基础架构管理平台，已在 IBM 内部成功运行多年，并在全球范围内有众多客户案例。该解决方案可以自动管理和动态分配、部署、配置、重新配置和回收资源，也可以自动安装软件和应用。"蓝云"可以向用户提供虚拟基础架构，用户可以自己定义虚拟基础架构的构成，如服务器的配置、数量、存储类型和大小、网络配置等。用户通过服务器界面提交请求，每个请求的生命周期由平台维护。"蓝云"平台包括软件开发测试云、培训与教育云、创新协作云、高性能计算云、企业云和快速部署云等。

（五）微软的 Azure

微软推出了 Windows Azure Platform，简称 Azure（蓝天）。Azure 是一个运行在微软数据中心的云计算平台，它包括一个云计算操作系统和一个为开发者提供的服务集合。开发人员创建的应用既可以直接在该平台运行，也可以使用该云计算平台提供的服务。Windows Azure Platform 延续了微软传统软件平台的特点，能够为客户提供熟悉的开发体验，用户已有的许多应用程序都可以相对平滑地迁移到该平台上运行。Windows Azure Platform 还可以按照云计算的方式按需扩展，在商业开发时可以节省开发部署的时间和费用。

Windows Azure Platform 包括 Windows Azure、SQL Azure 和 AppFabric。Windows Azure 可看成是一个云计算服务的操作系统；SQL Azure 是云中的数据库；App Fabric 是一个基于 Web 的开发服务，它可以把现有应用和服务与平台的连接和互操作变得更为简单。

五、云计算的关键技术

（一）虚拟化技术

云计算离不开虚拟化技术的支撑。虚拟化是一个广泛的术语，在计算机方面通常是指计算元件在虚拟的基础上而不是真实的基础上运行。虚拟化技术可以扩大硬件的容量，简化软件的重新配置过程。如 CPU 的虚拟化技术可以用单 CPU 模拟多 CPU 并行，允许一个平台同时运行多个操作系统，并且应用程序都可以在相互独立的空间（虚拟机）内运行而互不影响，从而显著提高计算机的工作效率。在 Gartner 咨询公司提出的最值得关注的十大战略技术中，虚拟化技术名列榜首。虚拟化技术为企业节能减排、降低 IT 成本都带来了不可估量的价值。虚拟化技术的优势包括部署更加容易、为用户提供瘦客户机、数据中心的有效管理等。

（二）多租户技术

多租户技术是一项云计算平台技术，该技术使得大量的租户能够共享同一堆栈的软、硬件资源，每个租户能够按需使用资源，能够对软件服务进行客户化配置，而且不影响其他租户的使用。这里，每一个租户代表一个企业，租户内部有多个用户。

IT 人员经常会面临选择虚拟化技术还是多租户技术的问题。多租户与虚拟化的不同在于：虚拟化后的每个应用或者服务单独地存在一个虚拟机里，不同虚拟机之间实现了逻辑的隔离，一个虚拟机感知不到其他虚拟机；而多租户环境中的多个应用其实运行在同一个逻辑环境下，需要通过其他手段，比如应用或者服务本身的特殊设计，来保证多个用户之间的隔离。多租户技术也具有虚拟化技术的一部分好处，如可以简化管理、提高服务器使用率、节省开支等。从技术实现难度的角度来说，虚拟化已经比较成熟，并且得到了大量厂商的支持，而多租户技术还在发展阶段，不同厂商对多租户技术的定义和实现还有很多分歧。当然，多租户技术有其存在的必然性及应用场景。在面对大量用户使用同一类型应用时，如果每一个用户的应用都运行在单独的虚拟机上，可能需要成千上万台虚拟机，这样会占用大量的资源，而且有大量重复的部分，虚拟机的管理难度及性能开销也大大增加。在这种场景下，多租户技术作为一种相对经济的技术就有了用武之地。

（三）数据中心自动化

数据中心自动化带来了实时的或者随需应变的基础设施能力，这是通过在后台有效地管理资源实现的。自动化能够实现云计算或者大规模的基础设施，让企业理解影响应用程序或者服务性能的复杂性和依赖性，特别是在大型的数据中心中。

（四）云计算数据库

关系数据库不适合用于云计算，因此出现了用于云计算环境下的新型数据库，例如 Google 公司的 BigTable，Amazon 公司的 SimpleDB，Hadoop 的 HBase 等，都不是关系型的。这些数据库具有一些共同的特征，正是这些特征使它们适用于服务云计算的应用。这些数据库可以在分布式环境中运行，即意味着它们可以分布在不同地点的多台服务器上，从而可以有效处理大量数据。

（五）云操作系统

云操作系统即采用云计算、云存储方式的操作系统，目前 VMware、Google 和微软分别推出了云操作系统的产品。VMware 发布了 vSphere，并称其为第一个云操作系统；Google 推出 Chrome OS 操作系统，该操作系统针对上网本和个人计算机的云操作系统；微软宣布了 Windows Azure 云操作系统，是针对数据中心开发的操作系统，该操作系统于 2014 年 4 月更名为 Microsoft Azure。

（六）云安全

云安全是指基于云计算商业模式应用的安全软件、硬件、用户、机构、安全云平台的总称。"云安全"是"云计算"技术的重要分支，已经在反病毒领域中获得了广泛应用。云安全通过网状的大量客户端对网络中软件行为的异常监测，获取互联网中木马、恶意程序的最新信息，推送到服务端进行自动分析和处理，再把病毒和木马的解决方案分发到每一个客户端。

在云计算中，由于数据都存储在用户看不见、摸不着的"云"上，人们最担心数据的泄密问题。IBM 公司的研究员 Craig Gentry 进行了一项创新，为"隐私同态"（Privacy Homomorphism）技术，使用被称为"理想格"（ideal lattice）的数学对象，可以实现对加密信息进行深入和不受限制的分析，同时不会降低信息的机密性。有了该项突破，数据存储服务上将能够在不和用户保持密切互动以及不查看敏感数据的条件下，帮助用户全面分析数据，可以分析加密信息并得到详尽的结果。云计算提供商可以按照用户需求处理用户的数据，但无须暴露原始数据。

六、云计算的应用

随着云计算技术的不断发展，个人计算机、中大型主机所完成的任务都可以通过云计算模式来完成。如 Google Docs 是最早推出的云计算应用，是软件即服务思想的典型应用，它是类似于微软的 Office 的在线办公软件，可以处理和搜索文档、表格、幻灯片，并可以通过网络和他人分享并设置共享权限；Google APPs 是 Google 企业应用套件，使用户能够处理日渐庞大的信息量，随时随地保持联系，并可与其他同事、客户和合作伙伴进行沟通、共享和协作，它集成了 Gmail、Google Talk、Google 日历、Google Docs，以及最新推出的云应用 Google Sites、API 扩展以及一些管理功能，包含了通信、协作与发布、管理服务三方面的应用，并且拥有云计算的特性，能够更好地实现随时随地协同共享，它还具有低成本的优势和托管的便捷，用户无须自己维护和管理搭建的协同共享平台。

过去由大型主机完成的天气预报、科学研究任务，都可以由云计算来完成。如美国威斯康星医学院生物技术与生物工程中心开发出一套名为 ViPDAC（虚拟蛋白质组学数据分析集群）的免费软件与 Amazon 公司的云计算服务搭配使用，极大降低了蛋白质研究成本；哈佛大学医学院建立了内部研究云计算平台，并通过内部云使用 Amazon 等外部云计算平台的资源；美国华盛顿大学建立云计算网络平台，进行海洋气候和天文图片分析研究；美国国家航天局启动了 Nebula 云计算计划，Nebula 和 Amazon 的 Web 服务兼容，其虚拟服务器可以在 Amazon 的 EC2 上运行，以用于航天任务的研究；在高能物理、能源以及信息安全等研究方面都可以借助云计算平台开展工作。

物联网、互联网、移动互联网产生的大量数据都需要云计算平台进行处理，可以说，在未来的城市管理、农业、教育、医疗等方面所产生的数据都需要云计算平台处理、分析并给出参考解决方案，"云计算"将成为社会管理、分析与协调的"大脑"。

第二节　物联网的应用

一、物联网的含义

目前，物联网（Internet of Things，IoT）概念在学术界和产业界还没有一个统一的表述，其内涵在不断地发展和完善之中。但一般认为物联网可以进行如下定义：物联网是通过各种信息传感设备及系统（传感器、射频识别系统、红外感应器、激光扫描器等）、条形码与二维码、全球定位系统，按约定的通信协议，将物与物、人与物、人与人连接起来，通过各种接入网、互联网进行信息交换，以实现智能化识别、定位、跟踪、监控和管理的一种信息网络。物联网上述定义包含了以下3个主要含义：

第一，物联网是对具有全面感知能力的物体及人的互联集合。两个或两个以上物体如果能交换信息即可称为物联。使物体具有感知能力需要在物品上安装不同类型的识别装置，如电子标签、二维码等，或通过传感器、红外感应器等感知其存在。

第二，为了成功地通信，物联网中的物品必须遵守相关的通信协议，同时需要相应的软件、硬件来实现这些规则，并可以通过现有的各种接入网与互联网进行信息交换。

第三，物联网可以实现对各种物品和人进行智能化识别、定位、跟踪、监控和管理等功能。

二、物联网系统的构成

物联网系统是由硬件平台和软件平台两大系统组成。

（一）物联网硬件平台

物联网是以数据为中心的面向应用的网络，主要完成信息感知、数据处理、数据回传以及决策支持等功能，其硬件平台可由传感网（包括感知结点和末梢网络）、核心承载网和信息服务系统等部分组成。

1. 感知结点

感知结点由各种类型的采集和控制模块组成，如温度传感器、声音传感器、振动传感器、压力传感器、RFID（射频识别技术）读写器、二维码识读器等，完成物联网应用的数据采集和设备控制等功能。感知结点包括 4 个基本单元，即传感单元、处理单元、通信单元和电源部分。

2. 末梢网络

末梢网络即接入网络，包括汇聚结点、接入网关等，完成应用末梢感知结点的组网控制和数据汇聚，或完成向感知结点发送数据转发等功能。也就是在感知结点之间组网之后，如果感知结点需要上传数据，则将数据发送给汇聚结点（基站），汇聚结点收到数据后，通过接入网关完成和承载网络的连接；当用户应用系统需要下发控制信息时，接入网关接收到承载网络的数据后，由汇聚结点将数据发送给感知结点，完成感知结点与承载网络之间的数据转发和交互功能。感知结点与末梢网络承担物联网的信息采集和控制任务，构成传感网，实现传感网的功能。

3. 核心承载网

核心承载网主要承担接入网与信息服务系统之间的通信任务。根据具体应用需要，可以是移动通信网、Wi-Fi、WiMAX、互联网等，也可以是企业专用网或专用于物联网的通信网。

4. 信息服务系统硬件设施

主要由各种应用服务器（如数据库服务器、认证服务器、数据处理服务器等）组成，还包括用户设备（如 PC、手机）、客户端等，主要用于对采集数据的融合、汇聚、转换、分析等功能。从感知结点获取的大量原始数据经过分析处理后，由服务器根据用户端设备进行信息呈现的适配，并根据用户的设置触发相关的通知信息。

（二）物联网软件平台

软件平台是物联网的神经系统。一般来说，物联网软件平台建立在分层的通信协议体系之上，通常包括数据感知系统软件、中间件系统软件、操作系统以及物联网管理和信息中心的管理信息系统等。

1. 数据感知系统软件

该软件主要完成物品的识别和物品电子产品代码 EPC 的采集和处理，主要由企业生产的物品、物品电子标签、传感器、读写器、控制器、物品的 EPC 等部分组成。存储有 EPC 码的电子标签在经过读写器的感应区域时，其中物品的 EPC 码会自动被读写器捕获，从而实现 EPC 信息采集的自动化，所采集的数据交由上位机信息采集软件进行进一步处理，如数据校对、数据过滤、数据完整性检查等，这些经过整理的数据可以为物联网中间件、应用管理系统使用。对于物品电子标签，国际上多采用 EPC 标签，用 PML（Product Markup Language）来标记每一个实体和物品。

2. 物联网中间件系统软件

中间件是位于数据感知设施（读写器）与在后台应用软件之间的一种应用系统软件。中间件具有两个关键特征：一是为系统应用提供平台服务；二是连接到网络操作系统，并且保持运行工作状态。中间件为物联网提供一系列计算和数据处理功能，主要任务是对感知系统采集的数据进行捕获、过滤、汇聚、计算、数据校对、解调、数据传送、数据存储和任务管理，减少从感知系统向应用系统中心传送的数据量。同时，中间件还可提供与其他 RFID 支撑软件系统进行互操作等功能。

3. 操作系统

物联网通过互联网实现物理世界中的任何物品的互联，在任何地方、任何时间可识别任何物品，使物品成为附有动态信息的"智能产品"，并使物品信息流和物流完全同步，从而为物品信息共享提供一个高效、快捷的网络通信及云计算平台。网络中结点包含的硬件资源非常有限，操作系统必须节能高效地使用其有限内存、处理器和通信模块，且能够对各种特定应用提供最大的支持，使得多种应用可以并发地使用系统的有限资源。

4. 物联网信息管理系统

物联网管理类似于互联网上的网络管理。目前，物联网大多数是基于 SNMP（Simple Network Management Protocol）建设的管理系统，提供对象名称解析服务（Object Name Service，ONS）。ONS 类似于互联网的 DNS，要有授权，并且有一定的组成架构。它能把每一种物品的编码进行解析，再通过 URL 服务获得相关物品的进一步信息。

物联网管理机构包括企业物联网信息管理中心、国家物联网信息管理中心以及国际物联网信息管理中心。企业物联网信息管理中心负责管理本地物联网，它是最基本的物联网信息服务管理中心，为本地用户提供管理、规划及解析服务。国家物联网信息管理中心负责制定和发布国家总体标准，负责与国际物联网互联，并且对国内各个物联网管理中心进行管理。国际物联网信息管理中心负责制定和发布国际框架性物联网标准，负责与各个国家的物联网互联，并且对各个国家物联网信息管理中心进行协调、指导、管理等工作。

（三）物联网体系结构

1. 三层论

从技术架构上看，有的学者将物联网分为 3 层：感知层、网络层和应用层。

感知层由各种传感器以及传感器网关构成，包括二氧化碳浓度传感器、温度传感器、湿度传感器、二维码标签、RFID 标签和读写器、摄像头、GPS 等感知终端。感知层的作用相当于人的眼耳鼻喉和皮肤等神经末梢，它是物联网识别物体，采集信息的来源。

网络层由各种私有网络、互联网、有线和无线通信网、网络管理系统和云计算平台等组计算机技术及创新案例成，相当于人的神经中枢和大脑，负责传递和处理感知层获取的信息。

应用层是物联网和用户（包括人、组织和其他系统）的接口，它与行业需求结合，实现物联网的智能应用。

2. 四层论

也有学者认为，物联网可分为 4 层：感知层、传输层、处理层和应用层。

感知层与"三层论"中的感知层一样，主要涉及的是感知技术，如 RFID、传感器、GPS、激光扫描、一些控制信号等。

传输层主要完成感知层采集数据的传输，涉及现代通信技术、计算机网络技术、无线传感网技术以及信息安全技术等。

处理层主要进行物联网的数据处理、加工、存储和发布。涉及数字信号处理、软件工程、数据库、大数据、云计算和数据挖掘等技术。

应用层是具体的各个领域相关应用服务，涉及物联网系统设计、开发、集成技术，也涉及某一个专业领域的技术（如交通、农业和环境等）。

三、物联网的关键技术

物联网已成为目前 IT 业界的新兴领域，引发了相当热烈的研究和探讨。不同的视角对物联网概念的看法不同，所涉及的关键技术也不同。这里，从结点感知、结点组网与通信、数据融合与智能处理以及云计算角度探讨物联网的关键技术。

（一）结点感知技术

结点感知技术是实现物联网的基础，包括用于对物质世界进行感知识别的电子标签、新型传感器、智能化传感网结点技术。

1. 电子标签

在感知技术中，电子标签用于对采集点信息进行标准化标示，通过识别读写器、二维码识读器等实现物联网应用的数据采集和设备控制。射频识别是一种非接触式的自动识别技术，属于近程通信，与之相关的还有蓝牙技术等。RFID 通过射频信号自动识别目标对象并获取相关数据，识别过程无须人工干预，可工作于各种恶劣环境。RFID 技术可识别高速运动物体并可同时识别多个标签，操作简捷方便。RFID 技术与互联网、通信等技术相结合，可实现全球范围内的物品跟踪与信息共享。RFID 与人们常见的条形码相比，比较明显的优势是：阅读器可同时识读多个 RFID 标签；阅读时不需要光线、不受非金属覆盖的影响，而且在严酷、肮脏条件下仍然可以读取；存储容量大，可以反复读写；可在高速运动中获取。

2. 新型传感器

传感器结点是用来感知信息采集点的环境参数。传感器可以感知热、力、光、电、声、位移等信号，为物联网系统的处理、传输、分析和反馈提供最原始的数据信息。随着电子技术的不断进步提高，传统的传感器正逐步实现微型化、智能化、信息化和网络化；同时，也正经历着一个从传统传感器（Dumb Sensor）到智能传感器（Smart Sensor）到嵌入式 Web 传感器（Embedded Web Sensor）不断丰富发展的过程。应用新理论、新技术，采用新工艺、新结构、新材料，研发各类新型传感器，提升传感器的功能与性能，降低成本，是实现物联网的基础。

3. 智能化传感网结点技术

所谓智能化传感网结点，是指一个微型化的嵌入式系统。在感知物质世界及其变化的过程中，需要检测的对象很多，例如温度、压力、湿度、应变等，因此需要微型化、低功耗的传感网结点来构成传感网的基础平台。针对低功耗传感网结点设备的低成本、低功耗、小型化、高可靠性等要求，研制低速、中高速传感网结点核心芯片，以及集射频、基带、协议、处理于一体，具备通信、处理、组网和感知能力的低功耗片上系统，针对物联网的行业应用，研制系列结点产品。

（二）结点组网及通信网络技术

根据对物联网所赋予的含义，其工作范围可以分成两大块：一块是体积小、能量低、存储容量小、运算能力弱的智能小物体的互联，即传感网；另一块是没有约束机制的智能终端互联，如智能家电、视频监控等。目前，对于智能小物体网络层的通信技术有两项：一项是基于 ZigBee 联盟开发的 ZigBee 协议，实现传感器结点或者其他智能物体的互联；另一项技术是 IPSO 联盟倡导的通过 IP 实现传感网结点或者其他智能物体的互联。在物联网的机器到机器、人到机器和机器到人的数据传输中，有多种组网及其通信网络技术可供选择，目前主要有有线（如数字用户线路 DSL、无源光纤网络 PON 等）、无线（如码分多址 CDMA、通用分组无线业务 GPRS）、IEEE 802.11a/b/g WLAN 等通信技术。在物联网的实现中，传感网技术、核心承载网通信技术、互联网技术非常重要。

1. 传感网技术

目前，面向物联网的传感网，主要涉及的关键技术包括传感网体系结构及底层协议、协同感知技术、对传感网自身的检测与自组织、传感网安全以及 ZigBee 技术等。

2. 核心承载网通信技术

目前，有多种通信技术可供物联网作为核心承载网络选择使用，可以是公共通信网，如 2G、3G、4G 移动通信网、互联网、无线局域网、企业专用网，也可以是新建的专用于物联网的通信网，包括下一代互联网。

3. 互联网技术

若将物联网建立在数据分组交换技术基础之上，则将采用数据分组网（IP 网）作为核心承载网。其中，IPv6 作为下一代网络协议，具有丰富的地址资源，能够支持动态路由机制，可以满足物联网对网络通信在地址、网络自组织以及扩展性方面的要求。但是，由于 IPv6 协议栈过于庞大复杂，不能直接应用到传感器设备中，需要对 IPv6 协议栈和路由机制做相应精简，才能满足低功耗、低存储容量和低传送速率的要求。

（三）数据融合与智能处理技术

1. 数据融合与处理

所谓数据融合，是指将多种数据或信息进行处理，组合出高效、符合用户要求的信息的过程。在传感网应用中，多数情况只关心检测结果，并不需要收到大量原始数据，数据融合是处理这类问题的有效手段。数据融合技术需要人工智能理论的支撑，包括智能信息获取的形式化方法、海量数据处理理论和方法、网络环境下数据系统开发与利用方法，以及机器学习等基础理论。同时，还包括智能信号处理技术，如信息特征识别和数据融合、物理信号处理与识别等。

2. 海量数据智能分析与控制

海量数据智能分析与控制是指依托先进的软件技术，对物联网的各种数据进行海量存储与快速处理，并将处理结果实时反馈给网络中的各种控制部件。智能技术就是为了有效地达到某种预期目的和对数据进行知识分析而采用的各种方法和手段，如当传感网结点具有移动能力时，网络拓扑结构如何保持实时更新；当环境恶劣时，如何保障通信安全；如何进一步降低能耗；等等。通过在物体中植入智能系统，可以使得物体具备一定的智能性，能够主动或被动地实现与用户的沟通，这也是物联网的关键技术之一。智能分析与控制技术主要包括人工智能理论、先进的人机交互技术、智能控制技术与系统等。物联网的实质性含义是要给物体赋予智能，以实现人与物的交互对话，甚至实现物体与物体之间的交互对话。为了实现这样的智能性，需要智能化的控制技术与系统，如怎样控制智能服务机器人完成既定任务，包括运动轨迹控制、准确的定位及目标跟踪等。

（四）云计算技术

物联网的发展非常需要"软件即服务 SaaS""平台即服务 PaaS"及按需计算等云计算模式的支撑。可以说，云计算是物联网发展的基石，原因有两个：一是云计算具有超强的数据处理和存储能力；二是由于物联网无处不在的数据采集，需要大范围的支撑平台以满足其规模需求。

四、物联网的应用

物联网在城市管理、工业、农业、交通、医疗、环境以及教育等社会、企业、个人方面都有非常广泛的应用。当物联网与互联网、移动通信网相连时，可随时随地全方位感知对方，人们的生活方式将从"感觉"到"感知"，从"感知"到"控制"。下面举例说明物联网应用。

（一）交通方面的应用

在智能交通方面，运用物联网加强人、车、路三者之间的联系，通过智能化地收集、分析交通数据，并及时地反馈给系统的操作者或驾驶员，系统操作员或驾驶员借助即时处理后的交通信息，迅速做出反应，以平衡交通资源和改善交通状况。世界各国都在智能交通方面进行了深入研究和应用实践。美国交通部提出了国家智能交通系统项目规划，预计到 2025 年全面投入使用。该系统综合运用了大量传感器网络，配合 GPS 系统、区域网络系统等资源，实现对交通车辆的优化调度，并为个体交通推荐实时的、最佳的行车路线服务，美国宾夕法尼亚州的匹兹堡市已经建立了这样的智能交通系统。中科院软件所在地下停车场基于 WSN 网络技术实现了智能车位管理系统，使得停车信息能够迅速通过发布系统发送给附近的车辆，及时、准确地提供车位使用情况以及停车收费等。

（二）农业方面的应用

在农业方面，在大棚控制系统中，运用物联网系统的温度传感器、湿度传感器、pH

值传感器、光传感器、CO_2 传感器等设备，检测环境中的温度、相对湿度、pH 值、光照强度、土壤养分、CO_2 浓度等参数，通过各种仪器仪表实时显示或作为自动控制的参变量参与到自动控制中，保证农作物有一个良好的、适宜的生长环境。远程控制的实现使技术人员在办公室就能对多个大棚的环境进行监测控制，获得作物最佳生长条件，可以为温室精准调控提供科学依据，达到增产、改善品质、调节生长周期、提高经济效益的目的。Intel 公司在俄勒冈建立了世界第一个无线葡萄园，进行智能耕种与管理。为提高种植效率，山东兰陵县在现代农业示范园引进了浙江托普农业物联网技术，在其所建设的蔬菜大棚中全部安装农业物联网监测设备，通过农业物联网技术实时监测大棚蔬菜温度、湿度、光照、二氧化碳浓度等生长环境，根据产生的智能监测信息对蔬菜进行精确管理，各种养分按需供给，促进有机高效农业发展。

（三）医疗方面的应用

在医疗方面，物联网技术能够帮助医院实现对人的智能化医疗和对物的智能化管理工作，支持医院内部医疗信息、设备信息、药品信息、人员信息、管理信息的数字化采集、处理、存储、传输、共享等，实现物资管理可视化、医疗信息数字化、医疗过程数字化、医疗流程科学化、服务沟通人性化，能够满足医疗健康信息、医疗设备与用品、公共卫生安全的智能化管理与监控等方面的需求，从而解决医疗平台支撑薄弱、医疗服务水平整体较低、医疗安全生产隐患等问题。高效、高质量和可负担的智慧医疗不但可以有效提高医疗质量，更可以有效阻止医疗费用的攀升。智慧医疗使从业医生能够搜索、分析和引用大量科学证据来支持他们的诊断，同时还可以使医生、医疗研究人员、药物供应商、保险公司等整个医疗生态圈的每一个群体受益。在不同医疗机构间，建起医疗信息整合平台，将医院之间的业务流程进行整合，医疗信息和资源可以共享和交换，跨医疗机构也可以进行在线预约和双向转诊，这使得"小病在社区，大病进医院，康复回社区"的居民就诊就医模式成为现实，从而大幅提升了医疗资源的合理化分配，真正做到以病人为中心。如美国Intel 公司目前正在研制家庭护理传感网系统，可以远程监测病人的病情并给出治疗意见，对老人的远程医疗护理提供了有效帮助手段。在医院信息系统与通信系统融合的基础上，中国移动通过语音、短信、互联网、视频等多种技术，为患者提供了呼叫中心、视频探视、移动诊室等多种功能，实现了医院、医生、患者三方的有效互动沟通。

（四）环保方面的应用

在环保方面，借助物联网技术，把感应器和装备嵌入各种环境监控对象中，通过服务器、网络设备和软件平台，实现对监控对象的实时监控和预警，实现环境业务系统的智能化，以更加精细和动态的方式实现环境管理和决策的智慧。我国中科宇图天下科技有限公司采用先进智慧环保理念，采用空间信息技术与物联网相结合设计了"天空一体化环境监控与智慧环保体系"，对大气污染、水污染、噪声、危险废弃物进行了立体监测与跟踪，为环保决策提供及时有效的数据和参考方案。该公司于 2014 年 4 月 22 日又推出了"微保" App，即一款移动互联网应用程序，提供了 4 个方面的主要功能：一是实时空气质量指数，包括 PM 2.5、PM 10、NO_2、SO_2、CO、O_3 的详细指数，把天气、环境信息通过空间形式展现在公众面前；二是天气预报，包括未来 5 天天气变化状况，还可判断天气变化趋势；三是生活建议，包括穿衣指数、晨练指数、紫外线强度指数、旅游指数等，可以发送文字、图片以及环境问题的评论，板块内容还可分享到微博、微信等新媒体平台；四是搜索功能，人们可随时搜索周边生活设施，包括餐厅、超市、停车场、加油站、银行、电影院、医院等近百个小分类。

（五）物流方面的应用

在物流方面，基于 RFID 的传感器结点在商品物流管理中得到了广泛的应用。例如，宁波中科万通公司与宁波港合作，实现了基于 RFID 网络的集装箱和卡车的智能化管理，使用 WSN 技术实现了封闭仓库中托盘粒度的货物定位。

（六）民用安全方面的应用

在民用安全监控方面，视频监控、传感网获得了广泛应用。例如，英国的一家博物馆利用传感网设计了一个报警系统，将传感结点放在珍贵文物或艺术品的底部或背面，通过侦测灯光的亮度改变和振动情况，来判断展览品的安全状态。中科院计算所在故宫博物院实施的文物安全监控系统也是无线传感网络 WSN 技术的典型应用。

（七）家居方面的应用

在智能家居方面，通过感应设备和图像系统相结合，可实现智能家居（如热水器、空调、洗衣机以及家庭的防盗等方面）的远程控制和监视；通过远程电子抄表系统，可减小水表、电表的抄表时间间隔，能够及时掌握用水、用电情况。

（八）其他方面的应用

物联网在工业、教育、安防等社会各个方面都有广泛的应用……从感知城市到感知全国、感知世界，物联网将开辟人与人、人与机、机与机、物与物、人与物互联的可能性，使人们的工作生活时时联通、事事链接，从智慧城市到智慧社会、智慧地球。

第三节　3D 打印的应用

2012 年 4 月，英国著名杂志《经济学人》发表的专题报告中，将 3D 打印技术列入全球第三次工业革命的代表性技术之一，引发了国内外对 3D 打印的广泛重视与关注。

一、3D 打印的概念及材料

（一）3D 打印的概念

3D 打印，即增材制造，是一种基于三维 CAD 模型数据，通过增加材料逐层制造的方式进行产品制造的新工艺，其广泛应用于航空航天、生物医疗、汽车工业、商品制造等生产生活的各个领域。近年来，国内各界掀起了关注 3D 打印的热潮。《中国制造 2025》中也多次强调指出要培育 3D 打印产业发展，并将 3D 打印技术列为我国未来智能制造的重点技术。

（二）3D 打印材料与设备

3D 打印设备制造商主要集中在美国、德国、以色列、日本和瑞典等，以美国为主导。其中，美国的 Stratasys 和 3D Systems 两家公司整合了全球主流工艺 90% 的产品线。2011 年，3DSystems 公司收购了 ZCorporation 公司。2012 年，Stratasys 公司并购了以色列 Obj 仪公司，完成了资源整合。经过近 30 年的发展，3D 打印的技术类型也越来越丰富，在最初的基础上已经衍生出几十种打印技术。目前的 3D 打印技术不仅可以使用光敏树脂、ABS 塑料等原料进行打印，还可以使用铝粉、钛粉等金属粉末以及氧化铝、碳纤维等陶瓷粉末为原料进行打印；甚至还出现了以活细胞为原料的生物 3D 打印技术，这种技术目前已经在组织工程领域小范围使用，不同原材料所采用的 3D 打印成型工艺不同。

1. 高分子材料 3D 打印

适用于高分子材料 3D 打印的工艺有立体平版印刷技术（5LA）、选择性热烧结（SHS）、熔融沉积式成型（FDM）等。SLAT 艺是由 Charles Hull 于 1984 年获得美国专利并被 3D Systems 公司商品化，目前被公认为世界上研究最深入、应用最早的一种 3D 打印方法。它的基本原理是将液态光敏树脂倒进一个容器，液面上置有一台激光器，当电脑发出指令，激光器发射紫外光，紫外光照射液面特定位置，这一片形状的光敏树脂即发生光聚合反应。液态光敏树脂的液面在打印的过程中随固化的速度上升，使得紫外光照射的地方始终是液态树脂，最终经过层层累积，形成一定形状。目前可用于该工艺的材料主要为感光性的液态树脂，即光敏树脂。

SHS 打印技术最早亮相于 2011 年欧洲模具展，它类似于激光烧结，但在打印过程中不使用激光，而是一种热敏打印头。3D 打印机在粉末床上铺上一薄层塑料粉末，热敏打印头开始来回移动，并以打印头的热量融化对象区域。然后 3D 打印机再铺上一层新的粉末，热敏打印头继续对其加热，就这样逐层烧结，形成最终的 3D 打印对象。打印产品被未融化的粉末包围着，未使用的粉末 100% 可回收，而且不需要额外的辅助支撑材料。

FDM 工艺以美国 Slratasys 公司开发的 FDM 制造系统应用最为广泛，其基本原理是加热喷头在计算机的控制下，根据产品零件的截面轮廓信息，作 X-Y 平面运动，热塑性丝状材料由供丝机送至热熔喷头，并在喷头中加热和熔化成半液态，然后被挤压出来，有选择性地涂覆在工作台上，快速冷却后形成一层大薄片轮廓。一层截面成型后工作台下降一定高度，再进行下一层的熔覆，如此循环，最终形成三维产品零件。这种技术可以用于大体积物品的制造，成本也较低，设备技术难度较低；缺点是所生产的物品常常纵向的力学性能远小于横向的力学强度，且打印速度缓慢，产品表面质量也有待进一步提高。目前可用于该工艺的材料主要为便于熔融的低熔点材料，其中应用最为广泛的是 ABS、PC、PPSF、PLA 等。

2. 金属 3D 打印

适用于金属 3D 打印的工艺主要包括选择性激光烧结成型技术（SLS）、选择性激光熔化成型技术（SLM）、电子束熔化技术（EBM）、激光直接烧结技术（DMLS）等。

SLS 技术是由美国得克萨斯大学奥汀分校的 Dechard 于 1989 年研制成功，其原理是预先在工作台上铺一层粉末材料（金属粉末或非金属粉末），激光在计算机控制下，按照界面轮廓信息，对实心部分粉末进行烧结，然后不断循环，层层堆积成型。与 SLM 技术不同，在打印金属粉末时 SLS 技术在实施过程中不会将温度加热到使金属熔化。SLM 技术是由德国 Fraunholfer 学院于 1995 年提出的，其基本原理是激光束快速熔化金属粉末，形成特定形状的熔道后自然凝固。SLM 技术所使用的材料多为单一组分金属粉末，包括奥氏体不锈钢、镍基合金、钛基合金、钴铬合金和贵重金属等。理论上只要激光束的功率足够大，可以使用任何材料进行打印。其优点是表面质量好，具有完全冶金结合，精度高，所使用的材料广泛。主要缺点是打印速度慢，零件尺寸受到限制，后处理过程比较烦琐。目前该技术已较广泛地应用在航空航天、微电子、医疗、珠宝首饰等行业。

EBM 技术是一种较新的可以打印金属材料的 3D 打印技术。它与 SLS 或 SLM 技术最大的区别在于使用的热源不同，SLS 或 SLM 技术以激光作为热源，而 EBM 技术则以电子束为热源。EBM 技术在打印速度方面具有显著优势，所得工件残余应力也较小，但设备比较昂贵，耗能较多。

DMLS 技术是通过在基材表面添加熔覆材料，并利用高能密度的激光束使之与基材表面薄层一起熔凝的方法，一层一层将金属面堆积起来，达到金属部件直接成型。特点是激光熔覆层与基体为冶金结合，结合强度不低于原基体材料的 95%，并且对基材的热影响较小，引起的变形也小。适用于镍基、钴基、铁基合金、碳化物复合材料等。

3. 陶瓷 3D 打印

适用于陶瓷 3D 打印的工艺主要是三维打印技术（3DP）。3DP 技术与设备是由美国麻省理工学院（MIT）开发与研制的，使用的打印材料多为粉末材料，如陶瓷粉末等，这些粉末通过喷头喷涂黏结剂将零件的截面"印刷"在材料粉末上面。

二、3D 打印市场规模

中国 3D 打印产业已经发展 20 年左右，如今已然成为国内各大企业争相投资的热点，并被多家媒体和业界人士标榜为"第三次工业革命"的领头羊。然而"盛名之下，其实难副"，在 3D 产业发展如火如荼的今天，中国 3D 打印产业仍处于产业发展的初始阶段。

目前，国内的 3D 打印主要集中在家电及电子消费品、模具检测、医疗及牙科正畸、文化创意及文物修复、汽车及其他交通工具、航空航天等领域。

三、3D 打印应用领域

3D 打印应用的领域广泛，3D 打印在下游应用行业和具体用途领域的分布反映了这一技术具有的优势和特点，同时也反映了这一技术的局限和在发展过程中尚须完善的地方。目前，应用领域排名前三的是汽车、消费产品和商用机器设备，分别占市场份额的31.7%、18.4%和11.2%，可以预见，3D 打印在航空航天、医疗、汽车、文创教育等领域的发展空间巨大。

（一）航空航天领域

航空工业应用的 3D 打印主要集中在钛合金、铝锂合金、超高强度钢、高温合金等材料。在现阶段，3D 打印技术对航空业的贡献，相对于每年约 5000 亿美元的行业产值而言显得微乎其微。主要应用包括：①无人飞行器的结构件加工；②生产一些特殊的加工、组装工具；③涡轮叶片、挡风窗体框架、旋流器等零部件的加工等。今后，3D 打印技术在未来航空领域的应用主要是在 3D 打印零部件的设计和私人飞行器的定制化发展。

（二）医疗领域

3D 打印相比传统制造业，一个区别在于其"个性化"特征。3D 打印最适合临床医学，因为每个病人要用的"零部件"，都必须个性化定制。3D 打印技术的引入，降低了定制化生产的医疗成本。近年来，这一技术在医疗领域的使用比例持续上升。3D 打印技术在医疗领域的主要应用有以下方面：①修复性医学中的人体移植器官制造，假牙、骨骼、肢体等；②辅助治疗中使用的医疗装置，如齿形矫正器、助听器；③手术和其他治疗过程中使用的辅助装置，如在脊椎手术中，用于固定静脉的器械装置。

（三）汽车领域

随着我国经济的发展，我国目前已经是全球最大的汽车生产国和消费国，未来还有进一步的增长空间，这为 3D 打印在汽车行业的应用发展提供了广阔前景。3D 打印技术生产的零部件在材料成形阶段具有很大的自由度，其生产的零部件生产耗时短并且品质有保证。目前，3D 打印技术主要应用于需求频繁的小批量定制零部件或复杂零部件，如前期开发、整车验证和测试、概念车以及工具制造和操作设备领域，3D 打印技术应用于汽车领域的潜力巨大，未来将应用于量产车型、个性化定制车型以及零配件供应等多个方面。

（四）文创教育领域

3D 打印技术也可应用于传统文物保护与修复、生活用品的个性化定制、电影道具的快速生产等多个领域，例如 3D 打印技术以其"个性化定制"和"采集数据信息无须实际接触文物"等特点，已经可以被运用于文物修复和复制中，成为文物保护意识下最大降低修复与复制中文物二次损坏的良好措施和手段之一。3D 打印与传统雕塑相结合，节省了大量的人力物力，短短几个月就可以打印出一套大型雕塑。

3D 打印技术作为全球第三次工业革命的代表技术之一，已经越来越广泛地应用在生产生活的各个方面。目前中国 3D 打印技术发展面临诸多挑战，总体处于新兴技术的产业化初级阶段，主要表现在产业规模化程度不高、技术创新体系不健全、产业政策体系尚未完善、行业管理亟待加强、教育和培训制度亟须加强等几个方面。尽管如此，无论是工业应用，还是个人消费领域，3D 打印都有广阔的发展前景。

第五章 大数据存储技术

第一节 大数据存储技术的要求

存储本身就是大数据中一个很重要的组成部分，或者说存储在每一个数据中心中都是一个重要的组成部分。随着大数据的到来，对于结构化、非结构化、半结构化的数据存储也呈现出新的要求，特别对统一存储也有了新变化。对于企业来说，数据对于战略和业务连续性都非常重要。然而，大数据集容易消耗巨大的时间和成本，从而造成非结构化数据的雪崩。因此，合适的存储解决方案的重要性不能被低估。如果没有合适的存储，就不能轻松访问或部署大量数据。

如何平衡各种技术以支持战略性存储并保护企业的数据？组成高效的存储系统的因素是什么？通过将数据与合适的存储系统相匹配以及考虑何时、如何使用数据，企业机构可确保存储解决方案支持，而不是阻碍关键业务驱动因素（效率和连续性）。通过这种方式，企业可自信地引领这个包含大量、广泛信息的新时代。

一、数据存储面临的问题

数据存储主要面临三类典型的大数据问题。

OLTP（联机事务处理）系统里的数据表格子集太大，计算需要的时间长，处理能力低。

OLAP（联机分析处理）系统在处理分析数据的过程中，在子集之上用列的形式去抽取数据，时间太长，分析不出来，不能做比对分析。

典型的非结构化数据，每一个数据块都比较大，带来了存储容量、存储带宽、I/O 瓶颈等一系列问题，例如网游、广电的数据存储在自己的数据中心里，资源耗费很大，交付周期太长，效率低下。

OLTP 也被称为实时系统，最大的优点就是可以即时地处理输入的数据，及时地回答。

这在一定意义上对存储系统的要求很高，需要一级主存储，具备高性能、高安全性、良好的稳定性和可扩展性，对于资源能够实现弹性配置。现在比较流行的是基于控制器的网格架构，网格概念使架构得以横向扩展（Scale-out），解决了传统存储架构的性能热点和瓶颈问题，并使存储的可靠性、管理性、自动化调优达到了一个新的水平，如 IBM 的 XIV、EMC 的 VMAX、惠普的 3PAR 系列都是这一类产品的典型代表。

OLAP 是数据仓库系统的主要应用，也是商业智能（Business Intelligent，BI）的灵魂。联机分析处理的主要特点是直接仿照用户的多角度思考模式，预先为用户组建多维的数据模型，展现在用户面前的是一幅幅多维视图，也可以对海量数据进行比对和多维度分析，处理数据量非常大，很多是历史型数据，对跨平台能力要求高。OLAP 的发展趋势是从传统的批量分析，到近线（近实时）分析，在向实时分析发展。

目前，解决 BI 挑战的策略主要分为两类：第一类，通过列结构数据库，解决表结构数据库带来的 OLAP 性能问题，典型的产品如 EMC 的 Greenplum、IBM 的 Netezza；第二类，通过开源，解决云计算和人机交互环境下的大数据分析问题，如 VMware Ceta、Hadoop 等。

从存储角度看，OLAP 通常处理结构化、非结构化和半结构化数据。这类分析适用于大容量、大吞吐量的存储（统一存储）。此外，商业智能分析在欧美市场是"云计算"含金量最高的云服务形式之一。对欧美零售业来说，圣诞节前后 8 周销售额可占一年销售额的 30% 以上。如何通过云计算和大数据分析，在无须长期持有 IT 资源的前提下，从工资收入、采购习惯、家庭人员构成等 BI 分析，判断出优质客户可接受的价位和服务水平，提高零售高峰期资金链、物流链周转效率、最大化销售额和利润，欧美零售业就是一个最典型的大数据分析云服务的例子。

对于媒体应用来说，数据压力集中在生产和制造的两头，比如做网游，需要一个人做背景，一个人做配音，一个人做动作、渲染等，最后需要一个人把它们全部整合起来。在数据处理过程中，一般情况下一个文件大家同时去读取，对文件并行处理能力要求高，通常需要能支撑大块文件在网上传输。针对这类问题，集群 NAS 是存储首选。在集群 NAS 中，最小的单位个体是文件，通过文件系统的调度算法，其可以将整个应用隔离成较小且并行的独立任务，并将文件数据分配到各个集群节点上。集群 NAS 和 Hadoop 分布文件系统的结合对于大型的应用具有很高的实用价值。典型的例子是 Isilon OS 和 Hadoop 分布文件系统集成，常被应用于大型的数据库查询、密集型的计算、生命科学、能源勘探以及动画制作等领域。常见的集群 NAS 产品有 EMC 的 Isilon、HP 的 Ibrix 系列、IBM 的 SoNAS、NetApp 的 OntapGX 等。

非结构数据的增长非常迅速，除了新增的数据量，还要考虑数据的保护。来来回回的备份，数据就增长了好几倍，数据容量的增长给企业带来了很大的压力。如何提高存储空间的使用效率和如何降低需要存储的数据量，也成为企业绞尽脑汁要解决的问题。

应对存储容量有一些优化的技术，如重复数据删除（适用于结构化数据）、自动精简配置和分层存储等技术，都是提高存储效率最重要、最有效的技术手段。如果没有虚拟化，存储利用率只有20%~30%，通过使用这些技术，利用率提高了80%，可利用容量增加一倍不止。结合重复数据删除技术，备份数据量和带宽资源需求可以减少90%以上。

目前，云存储的方式在欧美市场上的应用很广泛。例如，面对好莱坞的电影制作商，这些资源是黄金数据，如果不想放在自己的数据中心里，可以把它们归档在云上，到时再进行调用。此外，越来越多的企业将云存储作为资源补充，以提高持有IT资源的利用率。

无论是大数据还是小数据，企业最关心的是处理能力以及如何更好地支撑IT应用的性能。所以，企业做大数据时，要把大数据问题进行分类，弄清究竟是哪一类的问题，以便和企业的应用做一个衔接和划分。

二、大数据存储不容小觑的问题

大数据存储也有许多问题，下面总结问题如下：

（一）容量问题

这里所说的"大容量"通常可达到PB级的数据规模，因此海量数据存储系统也一定要有相应等级的扩展能力。与此同时，存储系统的扩展一定要简便，可以通过增加模块或硬盘柜来增加容量，甚至不需要停机。基于这样的需求，客户现在越来越青睐Scale-out架构的存储。Scale-out集群结构的特点是每个节点除了具有一定的存储容量，内部还具备数据处理能力以及互联设备。与传统存储系统的烟囱式架构完全不同，Scale-out架构可以实现无缝平滑的扩展，避免存储孤岛。

"大数据"应用除了数据规模巨大，还意味着拥有庞大的文件数量。因此，如何管理文件系统层累积的元数据是一个难题，处理不当会影响到系统的扩展能力和性能，而传统的NAS系统就存在这一瓶颈。所幸的是，基于对象的存储架构就不存在这个问题。它可以在一个系统中管理10亿级别的文件数量，而且不会像传统存储一样遭遇元数据管理的困扰。基于对象的存储系统还具有广域扩展能力，可以在多个不同的地点部署并组成一个跨区域的大型存储基础架构。

（二）实时问题

"大数据"应用还存在实时性的问题，特别是涉及与网上交易或者金融类相关的应用时。例如，网络成衣销售行业的在线广告推广服务需要实时地对客户的浏览记录进行分析，并准确地进行广告投放。这就要求存储系统在必须能够支持上述特性的同时保持较高的响应速度，因为响应延迟会导致系统推送"过期"的广告内容给客户。这种场景下，Scale-out 架构的存储系统就可以发挥出优势，因为它的每一个节点都具有处理和互联组件，在增加容量的同时处理能力可以同步增长。而基于对象的存储系统则能够支持并发的数据流，从而进一步提高数据吞吐量。

有很多"大数据"应用环境需要较高的 IOPS（即每秒进行读写操作的次数）性能，比如 HPC 高性能计算。此外，服务器虚拟化的普及也导致了对高 IOPS 的需求。为了迎接这些挑战，各种模式的固态存储设备应运而生，小到简单的在服务器内部做高速缓存，大到全固态介质的可扩展存储系统等都在蓬勃发展。

（三）并发访问

一旦企业认识到大数据分析应用的潜在价值，他们就会将更多的数据集纳入系统进行比较，同时让更多的人分享并使用这些数据。为了创造更多的商业价值，企业往往会综合分析那些来自不同平台下的多种数据对象，包括全局文件系统在内的存储基础设施就能够帮助用户解决数据访问的问题。全局文件系统允许多个主机上的多个用户并发访问文件数据，而这些数据则可能存储在多个地点的多种不同类型的存储设备上。

（四）安全问题

某些特殊行业的应用，比如金融数据、医疗信息以及政府情报等都有自己的安全标准和保密性需求。虽然对于 IT 管理者来说这些并没有什么不同，而且都是必须遵从的，但是大数据分析往往需要多类数据相互参考，而在过去并不会有这种数据混合访问的情况，因此大数据应用也催生出一些新的、需要考虑的安全性问题。

（五）成本问题

成本问题"大"，也可能意味着代价不菲。而对于那些正在使用大数据环境的企业来说，成本控制是关键的问题。想控制成本，就意味着我们要让每一台设备都实现更高的"效率"，同时还要减少那些昂贵的部件。目前，重复数据删除等技术已经进入主存储市场，而且现在还可以处理更多的数据类型，这都可以为大数据存储应用带来更多的价值，提升存储效率。在数据量不断增长的环境中，通过减少后端存储的消耗，哪怕只是降低几个百分点，企业都能够获得明显的投资回报。此外，自动精简配置、快照和克隆技术的使用也可以提升存储的效率。

很多大数据存储系统都包括归档组件，尤其对那些需要分析历史数据或需要长期保存数据的机构来说，归档设备必不可少。从单位容量存储成本的角度看，磁带仍然是最经济的存储介质。事实上，在许多企业中，使用支持 TB 级大容量磁带的归档系统仍然是事实上的标准和惯例。

对成本控制影响最大的因素是那些商业化的硬件设备。因此，很多初次进入这一领域的用户以及那些应用规模最大的用户，都会定制他们自己的"硬件平台"，而不是用现成的商业产品，这一举措可以用来平衡他们在业务扩展过程中的成本控制战略。为了适应这一需求，现在越来越多的存储产品都提供纯软件的形式，可以直接安装在用户已有的、通用的或者现成的硬件设备上。此外，很多存储软件公司还在销售以软件产品为核心的软硬一体化装置，或者与硬件厂商结盟，推出合作型产品。

（六）数据的积累

许多大数据应用都会涉及法规遵从问题，这些法规通常要求数据要保存几年或者几十年。比如，医疗信息通常是为了保证患者的生命安全，财务信息通常要保存 7 年。而有些使用大数据存储的用户却希望数据能够保存更长的时间，因为任何数据都是历史记录的一部分，而且数据的分析大都是基于时间段进行的。要实现长期的数据保存，就要求存储厂商开发出能够持续进行数据一致性检测的功能以及其他保证长期可用的特性，同时还要实现数据直接在原位更新的功能需求。

（七）灵活性

大数据存储系统的基础设施规模通常都很大，因此必须经过仔细设计，才能保证存储系统的灵活性，使其能够随着应用分析软件扩展。在大数据存储环境中，已经没有必要再做数据迁移了，因为数据会同时保存在多个部署站点。一个大型的数据存储基础设施一旦开始投入使用，就很难再调整了，因此，它必须能够适应各种不同的应用类型和数据场景。

（八）应用感知

最早一批使用大数据的用户已经开发出了一些针对应用的定制的基础设施，比如针对政府项目开发的系统，还有大型互联网服务商创造的专用服务器等。在主流存储系统领域，应用感知技术的使用越来越普遍，它也是改善系统效率和性能的重要手段，所以应用感知技术也应该用在大数据存储环境里。

（九）小用户怎么办

依赖大数据的不仅是那些特殊的大型用户群体，作为一种商业需求，小型企业未来也一定会应用到大数据。我们看到，有些存储厂商已经在开发一些小型的"大数据"存储系统，主要是为了吸引那些对成本比较敏感的用户。

三、大数据存储技术面对的挑战

大数据对于各方厂商都是新的战场，其中也包含了存储厂商，EMC（易安信）买下数据存储软件公司 Greenplum 就是一例。数据存储的确是可应用大数据的主力。不过，对于数据存储厂商来说，还是有不少挑战存在，他们必须强化关联式数据库的效能，增加数据管理和数据压缩的功能。

过往关系型数据库产品处理大量数据时的运算速度都不快，因此需要引进新技术来加速数据查询的功能。另外，数据存储厂商也开始尝试不只采用传统硬盘来存储数据，如使用快速闪存的数据库等，新型数据库逐渐产生。另一个挑战就是传统关系型数据库无法分析非结构化数据。因此，并购具有分析非结构化数据的厂商以及数据管理厂商是目前数据存储大厂扩展实力的方向。

数据管理的影响主要是对数据安全的考量。大数据对于存储技术与资源安全也都会产生冲击。首先，快照、重复数据删除等技术在大数据时代都很重要，就衍生了数据权限的管理。例如，现在企业后端与前端所看到的数据模式并不一样，当企业要处理非结构化数据时，就必须界定出是 IT 部门还是业务单位才是数据管理者。由于这牵涉的不仅是技术问题，还有公司政策的制定，因此界定出数据管理者是企业目前最头痛的问题。

（一）数据存储多样化：备份与归档

管理大数据的关键是制定战略，以高自动化、高可靠、高成本效益的方式归档数据。大数据现象意味着企业机构要应对大量数据以及各种数据格式的挑战。多样化作为有效方式而在各行各业兴起，是一种涉及各种产品来支持数据管理战略的数据存储模式。这些产品包括自动化、硬盘和重复数据删除、软件以及备份和归档。支撑这一方式的原则就是特定类型的数据坚持使用合适的存储介质。

（二）大数据管理需要各种技术

首席信息官应关注的一个具体领域是备份和归档的方法，因为这是在业务环境中将不同类型文件区分开来的最明显的方式。当企业需要迅速、经常访问数据时，那么基于硬盘的存储就是最合适的。这种数据可定期备份，以确保其可用性。相比之下，随着数据越来越老旧，并且不常被访问，企业可通过将较旧的数据迁移到较低端的硬盘或磁带中而获得较大成本优势，从而释放昂贵的主存储。

通过将较旧的数据迁移到这些媒介类型中，企业降低了所需的硬盘数量。归档是全面、高成本效益数据存储解决方案的关键组成部分。这种多样化的模式对于那些需要高性能和最低长期存储成本的企业机构是非常有用的。根据数据使用情况而区分格式，企业可优化其操作工作流程。这样，他们可更好地导航大数据文件，轻松传输媒体内容或操纵大型分析数据文件，因为它们存储在最适合自身格式和使用模式的介质中。

如果企业希望将其 IT 基础设施变成企业目标提供价值的事物，而不只是作为让员工和流程都放缓速度的成本中心，那么数据存储解决方案中的多样化就非常重要。一个考虑周全的技术组合，再加上备份与归档的核心方法，可节约 IT 资源，减少 IT 人员的压力，并可以随着企业需求而扩容。

四、大数据存储技术的趋势预测分析

面对不断出现的存储需求新挑战，我们该如何把握存储的未来发展方向呢？下面我们分析一下存储的未来技术趋势。

（一）存储虚拟化

存储虚拟化是目前以及未来的存储技术热点，它其实并不算是什么全新的概念，RAID、LVM、SWAP、VM、文件系统等这些都归属于其范畴。存储的虚拟化技术有很多优点，比如提高存储利用效率和性能，简化存储管理复杂性，降低运营成本，绿色节能等。

现代数据应用在存储容量、I/O 性能、可用性、可靠性、利用效率、管理、业务连续性等方面对存储系统不断提出更高的需求。基于存储虚拟化提供的解决方案可以帮助数据中心应对这些新的挑战，有效整合各种异构存储资源，消除信息孤岛，保持高效数据流动与共享，合理规划数据中心扩容，简化存储管理等。

目前，最新的存储虚拟化技术有分级存储管理（HSM）、自动精简配置（Thin Provision）、云存储（Cloud Storage）、分布式文件系统（Distributed File System），另外还有动态内存分区、SAN 与 NAS 存储虚拟化。

虚拟化可以柔性地解决不断出现的新存储需求问题，因此我们可以断言，存储虚拟化仍将是未来存储的发展趋势之一，当前的虚拟化技术会得到长足发展，未来新虚拟化技术将层出不穷。

（二）固态硬盘

固态硬盘（SSD，Solid State Drive）是目前倍受存储界广泛关注的存储新技术，它被看作是一种革命性的存储技术，可能会给存储行业甚至计算机体系结构带来深刻变革。

在计算机系统内部，L1 Cache、L2 Cache、总线、内存、外存、网络接口等存储层次之间，目前来看内存与外存之间的存储鸿沟最大，硬盘 I/O 通常成为系统性能瓶颈。

SSD 与传统硬盘不同，它是一种电子器件而非物理机械装置，具有体积小、能耗小、抗干扰能力强、寻址时间极小（甚至可以忽略不计）、IOPS 高、I/O 性能高等特点。因此，SSD 可以有效缩短内存与外存之间的存储鸿沟。计算机系统中原本为解决 I/O 性能瓶颈的诸多组件和技术的作用将变得越来越微不足道，甚至最终将被淘汰出局。

试想，如果 SSD 性能达到内存甚至 L1/L2 Cache，后者的存在还有什么意义，数据预读和缓存技术也将不再需要，计算机体系结构也将会随之发生重大变革。对于存储系统来说，SSD 的最大突破是大幅提高了 IOPS，摩尔定理的效力再次显现，通过简单地用 SSD 替换传统硬盘，就可能达到和超越综合运用缓存、预读、高并发、数据局部性、硬盘调度策略等软件技术的效用。

SSD 目前对 IOPS 要求高的存储应用最为有效，主要是大量随机读写应用，这类应用包括互联网行业和 CDN（内容分发网络）行业的海量小文件存储与访问（图片、网页）、数据分析与挖掘领域的 OLTP 等。SSD 已经开始被广泛接受并应用，当前主要的限制因素包括价格、使用寿命、写性能抖动等。从最近两年的发展情况看，这些问题都在不断地改善和解决，SSD 的发展和广泛应用将势不可挡。

（三）重复数据删除

重复数据删除（Data Deduplication，简称 Dedupe）是一种目前主流且非常热门的存储技术，可对存储容量进行有效优化。它通过删除集中重复的数据，只保留其中一份，从而消除冗余数据。这种技术可以很大限度上减少对物理存储空间的需求，从而满足日益增长的数据存储需求。

Dedupe 技术可以帮助众多应用降低数据存储量，节省网络带宽，提高存储效率，减小备份窗口，节省成本。Dedupe 技术目前大量应用于数据备份与归档系统，因为对数据进行多次备份后，存在大量重复数据，非常需要这种技术。

事实上，Dedupe 技术可以用于很多场合，包括在线数据、近线数据、离线数据存储系统；在文件系统、卷管理器、NAS、SAN 中实施；用于数据容灾、数据传输与同步；作为一种数据压缩技术可用于数据打包。

Dedupe 技术目前主要应用于数据备份领域主要是由两方面的原因决定的：一是数据备份应用数据重复率高，非常适合 Dedupe 技术；二是 Dedupe 技术的缺陷，主要是数据安全、性能好。Dedupe 使用 Hash 指纹来识别相同数据，存在产生数据碰撞并破坏数据的可能性。Dedupe 需要进行数据块切分、数据块指纹计算和数据块检索，这样会消耗可观的系统资源，对存储系统性能产生影响。

信息呈现的指数级增长方式给存储容量带来巨大的压力，而 Dedupe 是最行之有效的解决方案，固然其有一定的不足，但它大行其道的技术趋势无法改变。更低碰撞概率的 Hash 函数、多核、GPU、SSD 等，这些技术推动 Dedupe 走向成熟，使其由作为一种产品而转向作为一种功能，逐渐应用到近线和在线存储系统。ZFS（动态文件系统）已经原生地支持 Dedupe 技术，我们相信将会不断有更多的文件系统、存储系统支持这一功能。

（四）云存储

云计算无疑是现在最热门的 IT 话题，不管是商业噱头还是 IT 技术趋势，它都已经融入我们每个人的工作与生活当中。云存储亦然。云存储即 DaaS（存储即服务），专注于向用户提供以互联网为基础的在线存储服务。它的特点表现为弹性容量（理论上无限大）、按需付费、易于使用和管理。

云存储主要涉及分布式存储（分布式文件系统、IPSAN、数据同步、复制）、数据存储（重复数据删除、数据压缩、数据编码）和数据保护（RAID、CDP、快照、备份与容灾）等技术领域。

从专业机构的市场分析预测和实际的发展情况看，云存储的发展如火如荼，移动互联网的迅猛发展也起到了推波助澜的作用。目前，典型的云存储服务主要有 Amazon S3、Google Storage、Microsoft SkyDrive、EMC Atmos/Mozy、Dropbox、Syncplicity、百度网盘、新浪微盘、腾讯微云、天翼云、联想网盘、华为网盘、360 云盘等。

私有云存储目前发展情况不错，但是公有云存储发展不顺，用户仍持怀疑和观望态度。目前，影响云存储普及应用的主要因素有性能瓶颈、安全性、标准与互操作、访问与管理、存储容量和价格。云存储必将离我们越来越近，这个趋势是毋庸置疑的，但是到底还有多近？则由这些问题的解决程度决定。云存储将从私有云逐渐走向公有云，满足部分用户的存储、共享、同步、访问、备份需求，但是试图解决所有的存储问题也是不现实的，尽管如此，云存储仍将进入一个崭新的发展阶段。

（五）SOHO 存储

SOHO（Small Office and Home Office）存储是指家庭或个人存储。现代家庭中拥有多台 PC、笔记本电脑、上网本、平板电脑、智能手机，这些设备将组成家庭网络。SOHO 存储的数据主要来自个人文档、工作文档、软件与程序源码、电影与音乐、自拍视频与照片，部分数据需要在不同设备之间共享与同步，重要数据需要备份或者在不同设备之间复制多份，需要在多台设备之间协同搜索文件，需要多设备共享的存储空间等。随着手机、数码相机和摄像机的普及和数字化技术的发展，以多媒体存储为主的 SOHO 存储需求日益突现。

第二节　大数据存储技术

存储基础设施投资将提供一个平台，通过这个平台，企业能够从大数据中提取出有价值的信息。大数据中能得出的对消费者行为、社交媒体、销售数据和其他指标的分析，将直接关联到商业价值。随着大数据对企业发展带来积极的影响，越来越多的企业将利用大数据以及寻求适用于大数据的数据存储解决方案。而传统数据存储解决方案（如网络附加存储 NAS 或存储区域网络 SAN）无法扩展或者提供处理大数据所需要的灵活性。

一、什么是存储

大数据场景下，数据量呈爆发式增长，而存储能力的增长远远赶不上数据的增长，几十或几百台大型服务器都难以满足一个企业的数据存储需求。为此，大数据的存储方案是采用成千上万台的廉价 PC 来存储数据以降低成本，同时提供高扩展性。

考虑到系统由大量廉价易损的硬件组成，企业需要保证文件系统整体的可靠性。为此，大数据的存储方案通常对同一份数据在不同节点上存储三份副本，以提高系统容错性。此外，借助分布式存储架构，可以提供高吞吐量的数据访问能力。

在大数据领域中，较为出名的海量文件存储技术有 Google 的 GFS 和 Hadoop 的 HDFS，

HDFS 是 GFS 的开源实现。它们均采用分布式存储的方式存储数据，用冗余存储的模式保证数据可靠性，文件块被复制存储在不同的存储节点上，默认存储三份副本。

当处理大规模数据时，数据一开始在硬盘还是在内存导致计算的时间开销相差很大，很好地理解这一点相当重要。

硬盘组织成块结构，每个块是操作系统用于在内存和硬盘之间传输数据的最小单元。例如，Windows 操作系统使用的块大小为 64 KB（216＝65 536 字节），需要大概 10 ms 的时间来访问（将磁头移到块所在的磁道并等待在该磁头下进行块旋转）和读取一个硬盘块，相对从内存中读取一个字的时间，硬盘的读取延迟大概要慢 5 个数量级（存在因子105）。因此，如果只需要访问若干字节，那么将数据放在内存中将具压倒性优势。实际上，假如我们要对一个硬盘块中的每个字节做简单的处理，比如将块看成哈希表中的桶，我们要在桶的所有记录中寻找某个特定的哈希键值，那么将块从硬盘移到内存的时间会大大高于计算的时间。

我们可以将相关的数据组织到硬盘的单个柱面（Cylinder）上，因为所有的块集合都可以在硬盘中心的固定半径内到达，因此不通过移动磁头就可以访问，这样可以以每块显著小于 10 ms 的速度将柱面上的所有块读入内存。假设不论数据采用何种硬盘组织方式，硬盘上数据到内存的传送速度都不可能超过 100 MB/s。当数据集规模仅为 1 MB 时，这不是个问题，但是当数据集在 100 GB 或者 1 TB 规模时，仅仅进行访问就存在问题，更何况还要利用它来做其他有用的事情了。

数据存储和管理是一切与数据有关的信息技术的基础。数据存储的实现是以二进制计算机的发明为起点，二进制计算机实现了数据在物理机器中的表达和存储。自此以后，数据在计算机中的存储和管理经历了从低级到高级的演进过程。数据存储和管理发展到数据库技术的出现已经实现了数据的快速组织、存储和读取，但是不同数据库的数据存储结构各不相同，彼此相互独立。于是，如何有机地聚焦、整合多个不同运营系统产生的数据便成了数据分析发展的"新瓶颈"。

在信息化时代，不管大小企业都非常重视企业的信息化网络。每个企业都想拥有一个安全、高效、智能化的网络来实现企业的高效办公，而在这些信息化网络中，存储又是网络的重中之重，它对企业的数据安全起着决定性作用。

如今，科技发展日新月异，存储技术不仅越来越完善，而且各式各样。常见的存储产品类型有：硬盘存储、移动硬盘存储、云盘存储（如百度云盘、腾讯微云）等。

不管何种存储技术，都是数据存储的一种方案。数据存储是数据流在加工过程中产生的临时文件或加工过程中需要查找的信息。数据以某种格式记录在计算机内部或外部存储介质上。数据存储要命名，这种命名要反映信息特征的组成含义。数据流反映了系统中流动的数据，表现出动态数据的特征；数据存储反映了系统中静止的数据，表现出静态数据的特征。各式各样的存储技术，其实就是现实数据存储方式不一样，本质和目的是一样的。如今，占据主流市场的有 6 大存储技术：直接附加存储（DAS）、硬盘阵列（RAID）、网络附加存储（NAS）、存储区域网络（SAN）、IP 存储（SoIP）、iSCSI 网络存储。

二、直接附加存储（DAS）

直接附加存储（Direct Attached Storage，DAS）方式与我们普通的 PC 存储架构一样，外部存储设备都是直接挂接在服务器内部总线上，数据存储设备是整个服务器结构的一部分。

DAS 存储方式主要适用以下环境：

（一）小型网络

小型网络的规模和数据存储量较小，且结构不太复杂，采用 DAS 存储方式对服务器的影响不会很大，且这种存储方式也十分经济，适合拥有小型网络的企业用户。

（二）地理位置分散的网络

虽然企业总体网络规模较大，但在地理分布上很分散，通过 SAN 或 NAS 在它们之间进行互联非常困难，此时各分支机构的服务器也可采用 DAS 存储方式，这样可以降低成本。

（三）特殊应用服务器

在一些特殊应用服务器上，如微软的集群服务器或某些数据库使用的原始分区，均要求存储设备直接连接到应用服务器。

三、磁盘阵列

磁盘阵列（Redundant Array of Inexpensive Disks，RAID）有"价格便宜且多余的磁盘阵列"之意，其原理是利用数组方式制作硬盘组，配合数据分散排列的设计，提升数据的安全性。磁盘阵列是由很多便宜、容量较小、稳定性较高、速度较慢的磁盘组合成一个大型的磁盘组，利用个别磁盘提供数据所产生的加成效果来提升整个磁盘系统的效能。同时，在储存数据时，利用这项技术将数据切割成许多区段，分别存放在各个磁盘上。

RAID 技术主要包含 RAID 0~RAID 7 等数个规范，它们的侧重点各不相同，常见的规范有如下几种。

（一）RAID 0

RAID 0 连续以位或字节为单位分割数据，并行读/写于多个磁盘上，因此具有很高的数据传输率，但它没有数据冗余，因此并不能算是真正的 RAID 结构。RAID 0 只是单纯地提高性能，并没有为数据的可靠性提供保证，而且其中的一个硬盘失效将影响到所有数据。因此，RAID 0 不能应用于数据安全性要求高的场合。

（二）RAID 1

RAID 1 是通过磁盘数据镜像实现数据冗余，在成对的独立磁盘上产生互为备份的数据。当原始数据繁忙时，可直接从镜像拷贝中读取数据，因此 RAID 1 可以提高读取性能。RAID 1 是硬盘阵列中单位成本最高的，但提供了很高的数据安全性和可用性。当一个磁盘失效时，系统可以自动切换到镜像磁盘上读写，而不需要重组失效的数据。

（三）RAID 0+1

RAID 0+1 也被称为 RAID 10 标准，实际是将 RAID 0 和 RAID 1 标准结合的产物。它在连续地以位或字节为单位分割数据并且并行读/写多个磁盘的同时，为每一块磁盘做磁盘镜像进行冗余。它的优点是同时拥有 RAID 0 的超凡速度和 RAID 1 的数据高可靠性，但是 CPU 占用率同样更高，而且磁盘的利用率比较低。

（四）RAID 2

RAID 2 将数据条块化地分布于不同的硬盘上，条块单位为位或字节，并使用称为"加重平均纠错码（海明码）"的编码技术来提供错误检查及恢复。这种编码技术需要多个磁盘存放检查及恢复信息，使 RAID 2 技术实施更复杂，因此在商业环境中很少使用。

（五）RAID 3

RAID 3 同 RAID 2 非常类似，都是将数据条块化分布于不同的磁盘上，区别在于 RAID 3 使用简单的奇偶校验，并用单块硬盘存放奇偶校验信息。如果一块磁盘失效，奇偶盘及其他数据盘可以重新产生数据；如果奇偶盘失效，则不影响数据使用。RAID 3 对于大量的连续数据可提供很好的传输率，但对于随机数据，奇偶盘会成为写操作的瓶颈。

（六）RAID 4

RAID 4 同样将数据条块化并分布于不同的磁盘上，但条块单位为块或记录。RAID 4 使用一块磁盘作为奇偶校验盘，每次写操作都需要访问奇偶盘，这时奇偶校验盘会成为写操作的瓶颈，因此 RAID 4 在商业环境中也很少使用。

（七）RAID 5

RAID 5 没有单独指定的奇偶盘，而是在所有硬盘上交叉地存取数据及奇偶校验信息。在 RAID 5 上，读/写指针可同时对阵列设备进行操作，提供了更高的数据流量。RAID 5 更适合于小数据块和随机读写的数据。

RAID 3 与 RAID 5 相比，最主要的区别在于 RAID 3 每进行一次数据传输就须涉及所有的阵列盘；而对于 RAID 5 来说，大部分数据传输只对一块磁盘操作，并可进行并行操作。在 RAID 5 中有"写损失"，即每一次写操作将产生四次实际的读/写操作，其中两次读旧的数据及奇偶信息，两次写新的数据及奇偶信息。

（八）RAID 6

与 RAID 5 相比，RAID 6 增加了第二个独立的奇偶校验信息块。两个独立的奇偶系统使用不同的算法，数据的可靠性非常高，即使两块硬盘同时失效也不会影响数据的使用。但 RAID 6 需要分配给奇偶校验信息更大的硬盘空间，相对 RAID 5 有更大的"写损失"，因此"写性能"非常差。较差的性能和复杂的实施方式使 RAID 6 很少得到实际应用。

（九）RAID 7

RAID 7 是一种新的 RAID 标准，其自身带有智能化实操作系统和用于存储管理的软件工具，可完全独立于主机运行，不占用主机 CPU 资源。RAID 7 可以看作是一种存储计算机（Storage Computer），与其他 RAID 标准有明显区别。

除了以上介绍的各种标准，我们还可以像 RAID 0+1 那样结合多种 RAID 规范来构筑所需的 RAID 阵列。例如，RAID 5+3（RAID 53）就是一种应用较为广泛的阵列形式，用户一般可以通过灵活配置硬盘阵列来获得更加符合其要求的硬盘存储系统。

（十）RAID 10：高可靠性与高效磁盘结构

这种结构无非是一个带区结构加一个镜像结构，两种结构各有优缺点，可以相互补充，达到既高效又高速的目的。大家可以结合两种结构的优点和缺点来理解这种新结构。这种新结构的价格高，可扩充性不好，主要用于数据容量不大，但要求速度和差错控制的数据库中。

（十一）RAID 53：高效数据传送磁盘结构

越到后面的结构越是对前面结构的一种重复和再利用，这种结构就是 RAID 3 和带区结构的统一，因此，它速度比较快，也有容错功能，但价格十分高，不易于实现。这是因为所有的数据必须经过带区和按位存储两种方法，在考虑到效率的情况下，要求这些磁盘同步真是不容易。

四、网络附加存储

网络附加存储（Network Attached Storage，NAS）是一种将分布、独立的数据整合为大型、集中化管理的数据中心，以便对不同主机和应用服务器进行访问的技术。根据字面意思，简单说就是连接在网络上，具备资料存储功能的装置，因此也称为"网络存储器"。

NAS 以数据为中心，将存储设备与服务器彻底分离，集中管理数据，从而释放带宽，提高性能，降低总拥有成本，保护投资。其成本远远低于使用服务器存储，而效率却远远高于后者。

NAS 被定义为一种特殊的专用数据存储服务器，包括存储器件（如硬盘阵列、CD/DVD 驱动器、磁带驱动器或可移动的存储介质）和内嵌系统软件，可提供跨平台文件共享功能。NAS 通常在一个 LAN 上占有自己的节点，无须应对服务器的干预，允许用户在网络上存取数据。在这种配置中，NAS 集中管理和处理网络上的所有数据，将负载从应用或企业服务器上卸载下来，有效降低了总拥有成本，保护了用户投资。

NAS 的优点主要包括：①管理和设置较为简单；②设备物理位置灵活；③实现异构平台的客户机对数据的共享；④改善网络的性能。NAS 的缺点主要包括：①存储性能较低，只适用于较小网络规模或者较低数据流量的网络数据存储；②备份带宽消耗；③后期扩容成本高。

五、存储区域网络

存储区域网络（Storage Area Network，SAN）是通过专用高速网将一个或多个网络存储设备与服务器连接起来的专用存储系统，未来的信息存储将以 SAN 存储方式为主。

在最基本的层次上，SAN 被定义为互连存储设备和服务器的专用光纤通道网络，它在这些设备之间提供端到端的通信,并允许多台服务器独立地访问同一个存储设备。

与局域网(LAN)非常类似,SAN 提高了计算机存储资源的可扩展性和可靠性,使实施的成本更低,管理更轻松。与存储子系统直接连接服务器(直接附加存储 DAS)不同,SAN 专用存储网络介于服务器和存储子系统之间。

SAN 是一种高速网络或子网络,提供在计算机与存储系统之间的数据传输。存储设备是指一张或多张用以存储计算机数据的硬盘设备。一个 SAN 网络由负责网络连接的通信结构、负责组织连接的管理层、存储部件以及计算机系统构成,从而保证数据传输的安全性和力度。

典型的 SAN 是一个企业整个计算机网络资源的一部分。通常 SAN 与其他计算机网络资源通过紧密集群来实现远程备份和档案存储过程。SAN 支持硬盘镜像技术、备份与恢复、档案数据的存档和检索、存储设备间的数据迁移以及网络中不同服务器间的数据共享等功能。此外,SAN 还可以用于合并子网和网络附加存储(NAS)系统。

SAN 的优点主要包括:①可实现大容量存储设备数据共享;②可实现高速计算机与高速存储设备的高速互联;③可实现灵活的存储设备配置要求;④可实现数据快速备份;⑤可提高数据的可靠性和安全性。SAN 的缺点主要包括:①SAN 方案成本高;②维护成本增加;③SAN 标准未统一。

六、IP 存储

IP 存储(Storage over IP,SoIP),即通过 Internet 协议(IP)或以太网的数据存储。IP 存储使性价比较好的 SAN 技术能应用到更广阔的市场中。它利用廉价、货源丰富的以太网交换机、集线器和线缆来实现低成本、低风险基于 IP 的 SAN 存储。

IP 存储解决方案应用可能会经历以下三个发展阶段。

(一)SAN 服务器

随着 SAN 技术在全球的开发,越来越需要长距离的 SAN 连接技术。IP 存储技术定位于将多种设备紧密连接,就像一个大企业多个站点间的数据共享以及远程数据镜像。这种技术是利用 FC 到 IP 的桥接或路由器,将两个远程的 SAN 通过 IP 架构互联。虽然 iSCSI 设备可以实现以上技术,但 FCIP(基于 IP 的光纤通道协议)和 iFCP(Internet 光纤信道协议)对于此类应用更为适合,因为它们采用的是光纤通道协议(FCP)。

(二)有限区域 IP 存储

第二个阶段的 IP 存储的开发主要集中在小型的低成本的产品,目前还没有真正意义的全球 SAN 环境，随之而来的技术是有限区域的、基于 IP 的 SAN 连接技术。以后可能会出现类似于可安装到 NAS 设备中的 iSCSI 卡，因为这种技术和需求可使 TOE（TCP 卸载引擎）设备弥补 NAS 技术的解决方案。在这种配置中，一个单一的多功能设备可提供对块级或文件级数据的访问，这种结合了块级和文件级的 NAS 设备可使以前的直接连接的存储环境轻松地传输到网络存储环境。

第二个阶段也会引入一些工作组级的、基于 IP 的 SAN 小型商业系统的解决方案，使那些小型企业也可以享受到网络存储的益处，但使用这些新的网络存储技术也可能会遇到一些难以想象的棘手难题。iSCSI 协议是最适合这种环境应用的，但基于 iSCSI 的 SAN 技术是不会取代 FCSAN 的，同时它可以使用户既享受网络存储带来的益处，也不会开销太大。

（三）IPSAN

完全的端到端的、基于 IP 的全球 SAN 存储将会随之出现，而 iSCSI 协议则是最为适合的。基于 iSCSI 的 IPSAN 将由 iSCSI HBA 构成，它可释放出大量的 TCP 负载，保证本地 iSCSI 存储设备在 IP 架构上可自由通信。一旦这些实现，一些 IP 的先进功能，如带宽集合、质量服务保证等都可能应用到 SAN 环境中。将 IP 作为底层进行 SAN 的传输，可实现地区分布式的配置。例如，SAN 可轻松地进行互联，实现灾难恢复、资源共享以及建立远程 SAN 环境访问稳固的共享数据。尽管 IP 存储技术的标准早已建立且应用，但将其真正广泛应用到存储环境中还需要解决几个关键技术点，如 TCP 负载空闲、性能、安全性、互联性等。

七、iSCSI 网络存储

iSCSI（Internet SCSI）是 IETF（Internet Engineering Task Force，互联网工程任务组）制定的一项标准，用于将 SCSI（Small Computer System Interface，小型计算机系统接口）数据块映射成以太网数据包。从根本上讲，iSCSI 协议是一种利用 IP 网络来传输潜伏时间短的 SCSI 数据块的方法，它使用以太网协议传送 SCSI 命令、响应和数据。

iSCSI 可以用我们已经熟悉和每天都在使用的以太网来构建 IP 存储局域网。通过这种方法，iSCSI 克服了直接连接存储的局限性，使我们可以跨越不同服务器共享存储资源，并可以在不停机状态下扩充存储容量。iSCSI 是一种基于 TCP/IP 的协议，用来建立和管理 IP 存储设备、主机和客户机等之间的相互连接，并创建存储区域网络（SAN）。SAN 使 SCSI 协议应用于高速数据传输网络成为可能，这种传输以数据块级别在多个数据存储网络间进行。iSCSI 结构基于客户/服务器模式，其通常应用环境是：设备互相靠近，并且这些设备由 SCSI 总线连接。iSCSI 的主要功能是在 TCP/IP 网络上的主机系统和存储设备之间进行大量数据的封装和可靠传输过程。

如今我们所涉及的 SAN，其实现数据通信的要求是：①数据存储系统的合并；②数据备份；③服务器群集；④复制；⑤紧急情况下的数据恢复。另外，SAN 可能分布在不同地理位置的多个 LAN 和 WAN 中。因此，必须确保所有 SAN 操作安全进行并符合服务质量（QoS）要求，而 iSCSI 则被设计用来在 TCP/IP 网络上实现以上这些要求。

iSCSI 的工作过程：当 iSCSI 主机应用程序发出数据读写请求后，操作系统会生成一个相应的 SCSI 命令，该 SCSI 命令在 iSCSI initiator 层被封装成 iSCSI 消息包并通过 TCP/IP 传送到设备侧，设备侧的 iSCSI target 层会解开 iSCSI 消息包，得到 SCSI 命令的内容，然后传送给 SCSI 设备执行；设备执行 SCSI 命令后的响应，在经过设备 iSCSI target 层时被封装成 iSCSI 响应 PDU，通过 TCP/IP 网络传送给主机的 iSCSI initiator 层，iSCSI initiator 会从 iSCSI 响应 PDU 解析出 SCSI 响应并传送给操作系统，操作系统再响应给应用程序。

这几年来，iSCSI 存储技术得到了快速发展。iSCSI 的最大好处是能提供快速的网络环境，虽然目前其性能与光纤网络还有一些差距，但能节省企业约 30%～40% 的成本。iSCSI 技术的优点和成本优势主要体现在以下几个方面：

硬件成本低：构建 iSCSI 存储网络，除了存储设备，交换机、线缆、接口卡都是标准的以太网配件，价格相对来说比较低廉；同时，iSCSI 还可以在现有的网络上直接安装，并不需要更改企业的网络体系，这样可以最大限度地节约投入。

操作简单，维护方便：对 iSCSI 存储网络的管理，实际上就是对以太网设备的管理，只须花费少量的资金去培训 iSCSI 存储网络管理员即可。当 iSCSI 存储网络出现故障时，问题定位及解决也会因为以太网的普及而变得容易。

扩充性强：对于已经构建的 iSCSI 存储网络来说，增加 iSCSI 存储设备和服务器都将变得简单且无须改变网络的体系结构。

带宽和性能：iSCSI 存储网络的访问带宽依赖以太网带宽。随着千兆以太网的普及和万兆以太网的应用，iSCSI 存储网络会达到甚至超过 FC（Fibre Channel，光纤通道）存储网络的带宽和性能。

突破距离限制：iSCSI 存储网络使用的是以太网，因而在服务器和存储设备空间布局上的限制就少了很多，甚至可以跨越地区和国家。

第三节　云存储技术

　　云存储是在云计算概念上延伸和发展出来的一个新概念，是指通过集群应用、网格技术或分布式文件系统等功能，将网络中大量各种不同类型的存储设备通过应用软件集合起来协同工作，共同对外提供数据存储和业务访问功能的一个系统。

一、什么是云存储技术

　　当云计算系统运算和处理的核心是大量数据的存储和管理时，云计算系统中就需要配置大量的存储设备，那么云计算系统就转变为一个云存储系统，所以，云存储是一个以数据存储和管理为核心的云计算系统。简单来说，云存储就是将储存资源放到网络上供人存取的一种新兴方案。使用者可以在任何时间、任何地方，透过任何可联网的装置方便地存取数据。然而在方便使用的同时，我们不得不重视存储的安全性、兼容性，以及它在扩展性与性能聚合等方面的诸多因素。

　　首先，存储最重要的就是安全性。尤其是在云时代，数据中心存储着众多用户的数据，如果存储系统出现问题，其所带来的影响会远超过分散存储的时代，因此存储系统的安全性就显得越发重要。

　　其次，云数据中心所使用的存储必须具有良好的兼容性。在云时代，计算资源都被收归到数据中心，再连同配套的存储空间一起分发给用户，因此站在用户的角度上是不需要关心兼容性问题的，但是站在数据中心的角度，兼容性却是一个非常重要的问题。众多的用户带来了各种需求，Windows、Linux、UNIX、Mac OS，存储需要面对各种不同的操作系统，如果给每种操作系统都配备专门的存储的话，无疑与云计算的精神背道而驰。因此，在云计算环境中，先要解决的就是兼容性问题。

　　再次，存储容量的扩展能力。由于要面对数量众多的用户，存储系统需要存储的文件将呈指数级增长态势，这就要求存储系统的容量扩展能够跟得上数据量的增长，做到无限扩容，同时在扩展过程中最好还要做到简便易行，不能影响到数据中心的整体运行。如果容量的扩展需要复杂的操作，甚至停机，这无疑会极大地降低数据中心的运营效率。

　　最后，云时代的存储系统需要的不仅是容量的提升，对于性能的要求同样迫切。与以往只面向有限的用户不同，在云时代，存储系统将面向更为广阔的用户群体。用户数量级的增加使存储系统也必须在吞吐性能上有飞速的提升，只有这样才能对请求做出快速的反

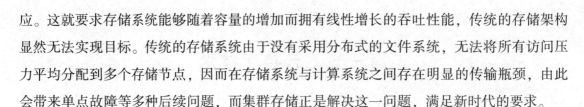

应。这就要求存储系统能够随着容量的增加而拥有线性增长的吞吐性能，传统的存储架构显然无法实现目标。传统的存储系统由于没有采用分布式的文件系统，无法将所有访问压力平均分配到多个存储节点，因而在存储系统与计算系统之间存在明显的传输瓶颈，由此会带来单点故障等多种后续问题，而集群存储正是解决这一问题，满足新时代的要求。

作为最新的存储技术，与传统存储相比，云存储具有以下优点：

（一）管理方便

这一项也可以归纳为成本上的优势。因为将大部分数据迁移到云存储上以后，所有的升级维护任务都是由云存储服务提供商来完成，降低了企业花在存储系统管理员上的成本压力。还有就是云存储服务强大的可扩展性，当企业用户发展壮大后，突然发现自己先前的存储空间不足，就必须考虑增加存储服务器来满足现有的存储需求，而云存储服务则可以很方便地在原有基础上扩展服务空间，满足需求。

（二）成本低

就目前来说，企业在数据存储上所付出的成本是相当大的，而且这个成本还在随着数据的暴增而不断增加。为了减少这一成本压力，许多企业将大部分数据转移到云存储上，让云存储服务提供商来为他们解决数据存储的问题，这样就能花很少的价钱获得最优的数据存储服务。

现代企业管理，很强调设备的整体拥有成本 TCO，而不像过去只强调采购成本。而云存储技术管理的成本，可分为两种：一种是系统管理人力及能源需求的降低；另一种是减少因系统停机造成的业务中断，所增加的管理成本。

Google 的服务器超过 200 万台，其中 1/4 用来作为存储，这么多的存储设备，如果采用传统的盘阵，管理是个大问题，更何况如果这些盘阵还是来自不同的厂商所生产，那管理难度就更无法想象了。为了解决这个问题，Google 才发展了"云存储"。

云存储技术针对数据重要性采取不同的拷贝策略，并且拷贝的文件存放在不同的服务器上，因此遭遇硬件损坏时，不管是硬盘或是服务器坏掉，服务始终不会终止，而且因为采用索引的架构，系统会自动将读写指令导引到其他存储节点，读写效能完全不受影响，管理人员只要更换硬件即可，数据也不会丢失。换上新的硬盘或是服务器后，系统会自动将文件拷贝回来，永远保持多份文件，以避免数据的丢失。

扩容时，只要安装好存储节点，接上网络，新增加的容量便会自动合并到存储系统中，并且数据自动迁移到新存储的节点，不需要做多余的设定，大大地降低了维护人员的工作量。在管理界面中可以看到每个存储节点及硬盘的使用状况，管理非常容易，不管使用哪家公司的服务器，都是同一个管理界面，一个管理人员可以轻松地管理几百台存储节点。

（三）量身定制

这个主要是针对私有云。云服务提供商专门为单一的企业客户提供一个量身定制的云存储服务方案，或者可以是企业自己的 IT 机构来部署一套私有云服务架构。私有云不但能为企业用户提供最优质的贴身服务，而且还能在一定程度上降低安全风险。

传统的存储模式已经无法适应当代数据暴增的现实问题，如何让新兴的云存储发挥它应有的功能，在解决安全、兼容等问题上，我们还需要不断努力。就目前而言，云计算时代已经到来，作为其核心的云存储将成为未来存储技术的必然趋势。

二、云存储技术与传统存储技术的比较分析

传统的存储技术是把所有数据都当作对企业同等重要和同等有用的东西来进行处理，所有的数据都集成到单一的存储体系之中，以满足业务持续性需求，但是在面临大数据难题时会显得捉襟见肘。

（一）成本激增

在大型项目中，前端图像信息采集点过多，单台服务器承载量有限，会造成需要配置几十台，甚至上百台服务器的状况。这就必然导致建设成本、管理成本、维护成本、能耗成本的急剧增加。

（二）盘碎片问题

由于视频监控系统往往采用写入方式，这种无序的频繁读写操作，导致磁盘碎片的大量产生。随着使用时间的增加，将严重影响整体存储系统的读写性能，甚至导致存储系统被锁定为只读，而无法写入新的视频数据。

（三）性能问题

由于数据量的激增，数据的索引效率也变得越来越为人们关注，而动辄上 TB 的数据，甚至是几百 TB 的数据，在索引时往往需要花上几分钟的时间。

云存储提供的诸多功能和性能旨在满足和解决伴随海量非活动数据的增长而带来的存

储难题，诸如，随着容量增长，线性地扩展性能和存取速度；将数据存储按需迁移到分布式的物理站点；确保数据存储的高度适配性和自我修复能力，可以保存多年之久。

改变了存储购买模式，只收取实际使用的存储费用，而非按照所有的存储系统（包含未使用的存储容量）来收取费用；结束颠覆式的技术升级和数据迁移工作。

三、云存储技术的分类

（一）云存储分类

1. 公共云存储

像亚马逊公司的 Simple Storage Service（S3）、Nutanix 公司提供的存储服务一样，它们可以低成本提供大量的文件存储。供应商可以保持每个客户的存储、应用都是独立的、私有的。其中，以 Dropbox 为代表的个人云存储服务是公共云存储发展较为突出的，国内比较突出的云存储有百度云盘、新浪微盘、360 云盘、腾讯微云、华为网盘等。

公共云存储可以划出一部分用作私有云存储。一个公司可以拥有或控制基础架构以及应用的部署，私有云存储可以部署在企业数据中心或相同地点的设施上。私有云可以由公司自己的部门管理，也可以由服务供应商管理。

2. 内部云存储

这种云存储和私有云存储比较类似，唯一的不同点是它仍然位于企业防火墙内部。

3. 混合云存储

这种云存储把公共云和私有云/内部云结合在一起，主要用于按客户要求访问，特别是需要临时配置容量的时候。从公共云上划出一部分容量配置一种私有或内部云，对公司面对迅速增长的负载波动或高峰时很有帮助。尽管如此，混合云存储带来了跨公共云和私有云分配应用的复杂性。

（二）云端分类

上述三种类型的云端，如果是供企业内部使用，即为私有云端（Private Cloud）；如果是运营商专门搭建以供外部用户使用，并借此营利的称为公共云端（Public Cloud）。具体说明如下：

1. 公共云端

一般云运算是对公共云端而言，又称为外部云端（External Cloud）。其服务供应商能提供极精细的 IT 服务资源动态配置，并透过 Web 应用或 Web 服务提供网络自助式服务。对于使用者而言，无须知道服务器的确切位置，或什么等级服务器，所有 IT 资源皆有远程方案商提供。该厂商必须具备资源监控与评量等机制，才能采取如同公用运算般的精细付费机制。

对于中小型企业而言，公共云端提供了最佳 IT 运算与成本效益的解决方案；但对有能力自建数据中心的大型企业来说，公共云端难免仍有安全与信任上的顾虑。无论如何，公共云端改变了市场的产品内容与形态，提供装置设定，以及永续 IT 资源管理的代管服务，对于主机代管等外市场会产生影响。

2. 私有云端

私有云端又称为内部云端（Internal Cloud），相对于公共云端，此概念较新。许多企业由于对公共云端供应商的 IT 管理方式、机密数据安全性与赔偿机制等存在信任上的疑虑，所以纷纷开始尝试透过虚拟化或自动化机制，来仿真搭建内部网络中的云运算。

内部云端的搭建，不但要提供更高的安全掌控性，同时内部 IT 资源不论在管理、调度、扩展、分派、访问控制与成本支出上都应更具精细度、弹性与效益。其搭建难度不小，当前已有 HP BladeSystem Matrix、NetApp Dynamic Data Center 等整合型基础架构方案推出。以 HP BladeSystem Matrix 为例，其组成硬件包括 BladeSystem c7000 机箱、搭配 ProLiant BL460c G6 刀锋型服务器、StorageWorks Enterprise Virtual Array 4400 以及管理软件工具 HP Insight Dynamics-VSE，即试图借此方案得以降低搭建技术的门槛，在可见的未来取代数据中心，成为数据中心未来蜕变转型的终极样貌。

3. 混合云端（Hybrid Cloud）

混合云端（Hybrid Cloud）是指企业同时拥有公共与私有两种形态的云端。当然在搭建步骤上会先从私有云端开始，待一切运作稳定后再对外开放，企业不但可提升内部 IT 的使用效率，也可通过对外的公共云端服务获利。

原本只能让企业花大钱的 IT 资源，也能转而成为盈利的工具。企业可将这些收入的一部分用来继续投资在 IT 资源的添购及改善上，不但内部员工受益，同时可提供更完善的云端服务。因此，混合云端或许会成为今后企业 IT 云搭建的主流模式。此形态的最佳代表，莫过于提供简易储存服务（Simple Storage Service，S3）和弹性运算云端（Elastic Compute Cloud，EC2）服务的亚马逊。

四、云存储的技术基础

（一）宽带网络的发展

真正的云存储系统将会是一个多区域分布、遍布全国、甚至遍布全球的庞大公用系统，使用者需要通过 ADSL、DDN 等宽带接入设备来连接云存储。只有宽带网络得到充足的发展，使用者才有可能获得足够大的数据传输带宽，实现大容量数据的传输，真正享受到云存储服务，否则只能是空谈。

（二）Web 3.0 技术

Web 3.0 技术的核心是分享。只有通过 Web 3.0 技术，云存储的使用者才有可能通过PC、手机、移动多媒体等多种设备，实现数据、文档、图片和视音频等内容的集中存储和资料共享。

（三）应用存储的发表

云存储不仅是存储，更多的是应用。应用存储是一种在存储设备中集成了应用软件功能的存储设备，它不仅具有数据存储功能，还具有应用软件功能，可以看作是服务器和存储设备的集合体。应用存储技术的发展可以大量减少云存储中服务器的数量，从而降低系统建设成本，减少系统中由服务器造成的单点故障和性能瓶颈，减少数据传输环节，提高系统性能和效率，保证整个系统的高效稳定运行。

（四）集群技术、网格技术和分布式文件系统

云存储系统是一个多存储设备、多应用、多服务协同工作的集合体，任何一个单点的存储系统都不是云存储。

既然是由多个存储设备构成的，不同存储设备之间就需要通过集群技术、分布式文件系统和网格计算等技术，实现多个存储设备之间的协同工作，多个存储设备可以对外提供同一种服务，提供更大、更强、更好的数据访问性能。如果没有这些技术的存在，云存储就不可能真正实现，所谓的云存储只能是一个一个的独立系统，不能形成云状结构。

（五）CDN 内容分发、P2P 技术、数据压缩技术、重复数据删除技术和数据加密技术

CDN 内容分发系统、数据加密技术保证云存储中的数据不会被未授权的用户所访问，同时通过各种数据备份和容灾技术保证云存储中的数据不会丢失，保证云存储自身的安全和稳定。如果云存储中的数据安全得不到保证，想必也没有人敢用云存储，否则保存的数据不是很快丢失了，就是全国人民都知道了。

（六）存储虚拟化技术和存储网络化管理技术

云存储中的存储设备数量庞大且分布多在不同地域，如何实现不同厂商、不同型号甚至于不同类型（如 FC 存储和 IP 存储）的多台设备之间的逻辑卷管理、存储虚拟化管理和多链路冗余管理将会是一个巨大的难题，这个问题得不到解决，存储设备就会是整个云存储系统的性能瓶颈，结构上也就无法形成一个整体，而且会带来后期容量和性能扩展难等问题。

云存储中的存储设备数量庞大、分布地域广造成的另外一个问题就是存储设备运营管理问题。虽然这些问题对云存储的使用者来讲根本不需要关心，但对于云存储的运营单位来讲，却必须通过切实可行和有效的手段来解决集中管理难、状态监控难、故障维护难、人力成本高等问题。因此，云存储必须具有一个高效的、类似于网络管理软件的集中管理平台，来实现云存储系统中存储设备、服务器和网络设备的集中管理和状态监控。

五、云存储技术的结构模型

云存储系统的结构模型由 4 层组成，分别是存储层、基础管理层、应用接口层和访问层。

（一）存储层

存储层是云存储最基础的部分。存储设备可以是 FC 光纤通道存储设备，可以是 NAS 和 iSCSI 等 IP 存储设备，也可以是 SCSI 或 SAS 等 DAS 存储设备。云存储中的存储设备往往数量庞大且分布在多个不同地域，彼此通过广域网、互联网或者 FC 光纤通道网络连接在一起。

存储设备之上是统一存储设备管理系统，可以实现存储设备的逻辑虚拟化管理、多链

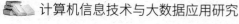

路冗余管理，以及硬件设备的状态监控和故障维护。

（二）基础管理层

基础管理层是云存储最核心的部分，也是云存储中最难以实现的部分。基础管理层通过集群、分布式文件系统和网格计算等技术，实现云存储中多个存储设备之间的协同工作，使多个存储设备可以对外提供同一种服务，并提供更大、更强、更好的数据访问性能。

（三）应用接口层

应用接口层是云存储最灵活多变的部分。不同的云存储运营单位可以根据实际业务类型，开发不同的应用服务接口，提供不同的应用服务，如视频监控应用平台、IPTV 和视频点播应用平台、网络硬盘应用平台、远程数据备份应用平台等。

（四）访问层

任何一个授权用户都可以通过标准的公用应用接口来登录云存储系统，享受云存储服务。运营单位不同，云存储提供的访问类型和访问手段也不同。

六、云存储技术的解决方案

云存储是以数据存储为核心的云服务，在使用过程中，用户不需要了解存储设备的类型和数据的存储路径，也不用对设备进行管理、维护，更不需要考虑数据备份容灾等问题，只须通过应用软件，便可以轻松享受云存储带来的方便与快捷。

（一）云状的网络结构

相信大家对局域网、广域网和互联网都已经非常了解了。在常见的局域网系统中，我们为了能更好地使用局域网，一般来讲，使用者需要非常清楚地知道网络中每一个软硬件的型号和配置，如采用什么型号的交换机，有多少个端口，采用了什么路由器和防火墙，分别是如何设置的；系统中有多少个服务器，分别安装了什么操作系统和软件；各设备之间采用什么类型的连接线缆，分配了什么 IP 地址和子网掩码等。

但当我们使用广域网和互联网时，只需要知道是什么样的接入网和用户名、密码就可以连接到广域网和互联网，并不需要知道广域网和互联网中到底有多少台交换机、路由器、防火墙和服务器，不需要知道数据是通过什么样的路由到达我们的电脑，也不需要知道网络中的服务器分别安装了什么软件，更不需要知道网络中各设备之间采用了什么样的连接线缆和端口。

虽然这个云图中包含了许许多多的交换机、路由器、防火墙和服务器，但对具体的广域网、互联网用户来讲，这些都是不需要知道的。这个云状图形代表的是广域网和互联网带给大家的互联互通的网络服务。无论我们在任何地方，都可以通过一个网络接入线缆和一个用户名、密码来接入广域网和互联网，享受网络带给我们的服务。

参考云状的网络结构，创建一个新型的云状结构的存储系统，这个存储系统由多个存储设备组成，通过集群功能、分布式文件系统或类似网格计算等功能联合起来协同工作，并通过一定的应用软件或应用接口，为用户提供一定类型的存储服务和访问服务。

当我们使用某一个独立的存储设备时，必须非常清楚这个存储设备是什么型号、什么接口和传输协议，必须清楚地知道存储系统中有多少块硬盘，分别是什么型号、多大容量，必须清楚存储设备和服务器之间采用什么样的连接线缆。为了保证数据安全和业务的连续性，我们还需要建立相应的数据备份系统和容灾系统。除此之外，定期对存储设备进行状态监控、维护、软硬件更新和升级也是必需的。

如果采用云存储，那么上面所提到的一切对使用者来讲都不需要了。云状存储系统中的所有设备对使用者来讲都是完全透明的，任何地方的任何一个经过授权的使用者都可以通过一根接入线缆与云存储连接，对云存储进行数据访问。

（二）云存储不是存储，而是服务

如同云状的广域网和互联网一样，云存储对使用者来讲，不是指某一个具体的设备，而是指由许许多多的存储设备和服务器所构成的集合体。使用者使用云存储，并不是使用某一个存储设备，而是使用整个云存储系统带来的一种数据访问服务。所以严格来讲，云存储不是存储，而是一种服务。

云存储的核心是应用软件与存储设备相结合，通过应用软件来实现存储设备向存储服务的转变。

（三）弹性云存储系统架构

在这个弹性云存储系统架构中，万千个性化需求都能从中得到一一满足，从客户端来看，创新的云存储系统架构可以提供更灵活的服务接入方式：个人用户通过客户端软件，企业用户通过客户端系统，以 D2D2C（硬盘-硬盘-云）的模式，方便地连接云存储数据中心的服务端模块，将数据备份到 IDC 的数据节点中。对于那些建设私有云的大型企业来说，系统可以支持私有云的接入，实现企业私有云和公有云之间的数据交换，以提高数据安全和系统扩展能力。从数据中心来看，创新的云存储系统架构用大型分布式文件系统进行文件管理，并实现跨数据中心的容灾。

创新的弹性云存储系统架构，首先满足了云存储时代容量动态增长的特点，让所有类型的客户能够轻松满足需求；其次，这个架构具有高性能和高可用性，这是云存储服务的根本，而易于集成、灵活的客户接入方式，使这个架构更易于普及和推广。

无论是企业客户、中小企业和个人用户的数据保护、文件共享需求，还是 Web 3.0 企业的海量存储需求、视频监控需求等，都能够从这个架构上得到满足。

七、云存储用途与发展趋势

云存储通常意味着把主数据或备份数据放到企业外部不确定的存储池里，而不是放到本地数据中心或专用远程站点。有的专家学者认为，如果使用云存储服务，企业机构就能节省投资费用，简化复杂的设置和管理任务，把数据放在云中还便于从更多的地方访问数据。数据备份、归档和灾难恢复是云存储可能的三个用途。

云的出现主要用于任何种类的静态类型数据的各种大规模存储需求。即使用户不想在云中存储数据库，但是可能想在云中存储数据库的一个历史副本，而不是将其存储在昂贵的 SAN 或 NAS 技术中。

一个好的概测法是将云看作是只能用于延迟性应用的云存储。备份、归档和批量文件数据可以在云中很好地处理，因为可以允许几秒的延迟响应时间。另外，由于延迟的存在，数据库和"性能敏感"的任何其他数据不适用于云存储。

但是，在将数据迁移至云中之前，无论是公共云还是私有云，用户都需要解决一个根本的问题。如果你进入云存储，你能明白存储空间的增长在哪里失去控制，或者为什么会失去控制以及在整个端到端的业务流程中存储一组特殊数据的时候，价值点是什么。仅仅将技术迁移到云中并不是最佳的解决方案。

云存储已经成为未来存储发展的一种趋势，但随着云存储技术的发展，各类搜索、应用技术和云存储相结合的应用，还须从安全性、便携性及数据访问等角度进行改进。

（一）安全性

从云计算诞生起，安全性一直是企业实施云计算首要考虑的问题之一。同样，在云存储方面，安全性仍是首要考虑的问题，对于想要进行云存储的客户来说，安全性通常是首要的商业考虑和技术考虑，但是许多用户对云存储的安全要求甚至高于它们自己的架构所能提供的安全水平。即便如此，面对如此高的不现实的安全要求，许多大型、可信赖的云存储厂商也在努力满足它们的要求，构建更安全的数据中心。用户可以发现，云存储具有更少的安全漏洞和更高的安全环节，云存储所能提供的安全性水平比用户自己的数据中心所能提供的安全水平还要高。

（二）便携性

一些用户在托管存储的时候还要考虑数据的便携性。一般情况下这是有保证的，一些大型服务提供商所提供的解决方案承诺其数据便携性、可媲美最好的传统本地存储。有的云存储结合强大的便携功能，可以将整个数据集传送到用户所选择的任何媒介，甚至是专门的存储设备。

（三）性能和可用性

过去的一些托管存储和远程存储总是存在延迟时间过长的问题。同样，互联网本身的特性就严重威胁服务的可用性。最新一代云存储有突破性的成就，体现在客户端或本地设备高速缓存上，将经常使用的数据保存在本地，从而有效地缓解互联网延迟问题。通过本地高速缓存，即使面临最严重的网络中断，这些设备也可以缓解延迟性问题。这些设备还可以让经常使用的数据像本地存储那样快速反应。通过一个本地 NAS 网关，云存储甚至可以模仿终端 NAS 设备的可用性、性能和可视性，同时将数据予以远程保护。随着云存储技术的不断发展，各厂商仍将继续努力实现容量优化和 WAN（广域网）优化，从而尽量减少数据传输的延迟性。

（四）数据访问

现有对云存储技术的疑虑还在于：如果执行大规模数据请求或数据恢复操作，那么云存储是否可提供足够的访问性。在未来的技术条件下，这点大可不必担心，现有的厂商可以将大量数据传输到任何类型的媒介，可将数据直接传送给企业，且其速度之快相当于复制、粘贴操作。另外，云存储厂商还可以提供一套组件，在完全本地化的系统上模仿云地址，让本地 NAS 网关设备继续正常运行而无须重新设置。未来，如果大型厂商构建了更多的地区性设施，那么数据传输将更加迅捷。如此一来，即便是客户本地数据发生了灾难性的损失，云存储厂商也可以将数据重新快速传输给客户数据中心。

云存储与云运算一样，必须经由网络来提供随机分派的储存资源。重要的是，该网络必须具备良好的 QoS 机制才行。对于用户来说，具备弹性扩展与随使用需求弹性配置的云

存储，可节省大笔的储存设备采购及管理成本，甚至因储存设备损坏所造成的数据遗失风险也可因此避免。总之，不论是端点使用者将数据备份到云端，或企业基于法规遵循，或其他目的的数据归档与保存，云存储皆可满足不同需求。

第六章 大数据分析与挖掘技术

早在 20 世纪初，数据分析的数学基础就已确立，但直到计算机的出现才使实际操作成为可能，并使数据分析得以推广。数据分析是数学与计算机科学相结合的产物。数据分析是指用适当的统计分析方法对收集来的大量数据进行分析，提取有用信息和形成结论而对数据加以详细研究和概括总结的过程。这一过程也是质量管理体系的支持过程。在实用中，数据分析可帮助人们做出判断，以便采取适当行动。数据挖掘是从数据库的大量数据中揭示出隐含的、先前未知的并有潜在价值的信息的过程。数据挖掘是一种决策支持过程，它主要基于人工智能、机器学习、模式识别、统计学、数据库、可视化技术等，高度自动化地分析企业的数据，做出归纳性的推理，从中挖掘出潜在的模式，帮助决策者调整市场策略，减少风险，做出正确决策。

第一节　数据分析概述

在统计学领域，有些人将数据分析划分为描述性统计分析、探索性数据分析以及验证性数据分析。其中，探索性数据分析侧重在数据之中发现新的特征，而验证性数据分析则侧重已有假设的证实或证伪。在大数据中，数据分析是不可缺少的环节，通过分析数据得到结论，从而开展后续工作。

一、什么是数据分析

数据分析是指用适当的统计方法对收集来的大量第一手资料和第二手资料进行分析，以求最大化地开发数据资料的功能，发挥数据的作用。它是为了提取有用信息和形成结论而对数据加以详细研究和概括总结的过程。

数据也称观测值，是实验、测量、观察、调查等的结果，常以数量的形式给出。数据分析的目的是把隐藏在一大批看似杂乱无章的数据背后的信息集中和提炼出来，总结出所研究对象的内在规律。在实际工作中，数据分析能够帮助管理者进行判断和决策，以便采取适当策略与行动。例如，企业的高层希望通过市场分析和研究，把握当前产品的市场动向，从而制订合理的产品研发和销售计划，这就必须依赖数据分析才能完成。

在统计学领域，有些人将数据分析划分为描述性数据分析、探索性数据分析和验证性数据分析。其中，探索性数据分析侧重在数据之中发现新的特征，而验证性数据分析则侧重已有假设的证实或证伪。

描述性数据分析属于初级数据分析，常见的分析方法有对比分析法、平均分析法、交叉分析法等。而探索性数据分析和验证性数据分析属于高级数据分析，常见的分析方法有相关分析、因子分析、回归分析等。我们日常学习和工作中涉及的数据分析主要是描述性数据分析，也就是大家常用的初级数据分析。

二、数据分析的过程

数据分析有极其广泛的应用范围。典型的数据分析可能包含以下三步：

第一步，探索性数据分析。当数据刚取得时，可能杂乱无章，看不出规律，通过作图、制表，用各种形式的方程拟合、计算某些特征量等手段探索规律性的可能形式，即往什么方向和用何种方式去寻找和揭示隐含在数据中的规律性。

第二步，模型选定分析。在探索性数据分析的基础上提出一类或几类可能的模型，然后通过进一步的分析从中挑选出一定的模型。

第三步，推断分析。通常使用数理统计方法对所定模型或估计的可靠程度和精确程度做出推断。

数据分析过程的主要活动由识别信息需求、收集数据、分析数据、评价并改进数据分析的有效性组成。

（一）识别信息需求

识别信息需求是确保数据分析过程有效性的首要条件，可以为收集数据、分析数据提供清晰的目标。识别信息需求是管理者的职责，管理者应根据决策和过程控制的需求，提出对信息的需求。就过程控制而言，管理者应识别需求要利用信息支持评审过程输入、过程输出、资源配置的合理性、过程活动的优化方案和过程异常变异的发现。

（二）收集数据

有目的地收集数据是确保数据分析过程有效的基础。组织需要对收集数据的内容、渠道、方法进行策划，策划时应考虑如下内容：

①将识别的需求转化为具体的要求，如评价供方时，需要收集的数据可能包括其过程能力、测量系统不确定度等相关数据；②明确由谁在何时何处，通过何种渠道和方法收集数据；③记录表应便于使用；④采取有效措施，防止数据丢失和虚假数据对系统的干扰。

（三）分析数据

分析数据是将收集的数据通过加工、整理和分析，使其转化为信息。常用方法有以下两种：

①老7种工具，即排列图、因果图、分层法、调查表、散步图、直方图、控制图；②新7种工具，即关联图、系统图、矩阵图、KJ法、计划评审技术、PDPC法、矩阵数据图。

（四）过程改进

数据分析是质量管理体系的基础。组织的管理者应在适当时候通过对以下问题的分析，评估其有效性。

①提供决策的信息是否充分、可信，是否存在因信息不足、失准、滞后而导致决策失误的问题；②信息对持续改进质量管理体系、过程、产品所发挥的作用是否与期望值一致，是否在产品实现过程中有效运用数据分析；③收集数据的目的是否明确，收集的数据是否真实和充分，信息渠道是否畅通；④数据分析方法是否合理，是否将风险控制在可接受的范围；⑤数据分析所需资源是否得到保障。

目前，电子商务领域应用最广泛的数据分析技术是商务智能。商务智能（Business Intelligence，BI）通常被理解为将企业中现有的数据转化为知识，帮助企业做出明智的业务经营决策。这里所说的数据包括来自企业业务系统的订单、库存、交易账目、客户和供应商等来自企业所处行业和竞争对手的数据以及来自企业所处的其他外部环境中的各种数据。商务智能辅助的业务经营决策，既可以是操作层的，也可以是战术层和战略层的。为了将数据转化为知识，需要利用数据仓库、联机分析处理（OLAP）工具和数据挖掘等技术。因此，从技术层面上讲，商务智能不是什么新技术，它只是数据仓库、OLAP和数据挖掘等技术的综合运用。

三、数据分析框架事件

数据分析框架事件分类如下：

（一）分类（Classification）

在业务构建中，最重要的分类一般是对客户数据的分类，主要用于精准营销。通常分类数据最大的问题在于分类区间的规划，例如分类区间的颗粒度以及分类区间的区间界限等。分类区间的规划需要根据业务流来设定，而业务流的设计必须以客户需要为核心，因此，分类的核心思想在于能够完成满足客户需要的业务。由于市场需求是变化的，分类通常也是变化的，例如银行业务中 VIP 客户的储蓄区间等。

（二）估计（Estimation）

通常数据估计是互动营销的基础，以基于客户行为的数据估计为基础进行互动营销已经被证实具有较高的业务转化率，银行业中经常通过客户数据估计客户对金融产品的偏好，电信业务和互联网业务则经常通过客户数据估计客户需要的相关服务或者估计客户的生命周期。

数据估计必须基于数据的细分和数据逻辑关联性，数据估计需要有较高的数据挖掘和数据分析水平。简单来讲，估计是指根据业务数据判断的需要定义需要估计的数据和数据区间值，对业务进行补充和协助，例如根据客户储蓄和投资行为估计客户投资风格等。

（三）预测（Prediction）

根据数据变化趋势进行未来预测通常是非常有力的产品推广方式，例如证券业通常会推荐走势良好的股票，银行业会根据客户的资本情况协助客户投资理财以达到某个未来预期，电信行业通常以服务使用的增长来判断业务扩张和收缩以及营销等。

数据预测通常是多个变量的共同结果，每组变量之间一般会存在某个相互联系的数值，我们根据每个变量的关系通常可以计算出数据预测值，并以此作为业务决策的依据展开后续行动。简单来讲，预测是指根据数据的变化趋势预测数据的发展方向，例如根据历史投资数据帮助客户预测投资行情等数据。

（四）数据分组（Affinity Grouping）

数据分组是精准营销的基础，当数据分组以客户特征为主要维度时，通常可以用于估计下一次行为的基础，例如通过客户使用的服务特征的需要来营销配套服务和工具，购买了 A 类产品的客户一般会有 B 行为等。数据分组的难点在于分组维度的合理性，通常其精确性取决于分组逻辑是否与客户行为特征一致。

（五）聚类（Clustering）

数据聚类是数据分析的重点项目之一。例如，在健康管理系统中通过症状组合可以大致估计病人的疾病，在电信行业产品创新中客户使用的业务组合通常是构成服务套餐的重要依据，在银行业产品创新中客户投资行为聚合也是其金融产品创新的重要依据。

数据聚类的要点在于聚类维度选取的正确性，需要不断地实践来验证其可行性。简单讲，聚类是指数据集合的逻辑关系，如同时拥有 A 特征和 B 特征的数据，可以推断出其也拥有 C 特征。

（六）描述（Description）

描述性数据的最大效用在于可以对事件进行详细归纳，通常很多细微的机会发现和灵感启迪来自一些描述性的客户建议，同时客户更愿意通过描述性的方法来查询、搜索等，这时就需要技术上通过较好的数据关联方法来协助客户。

描述性数据的使用难点在于大数据量下的数据要素提取和归类，其核心在于要素提取规则以及归类方法。要素提取和归类是其能够被使用的基础。

（七）复杂数据挖掘

复杂数据挖掘，如视频、音频、图形图像等，其要素目前依然难以通过技术手段提取，但是可以从上下文与语境中提取一些要素以帮助聚类。例如，重要客户标记了高度重要性的视频一般优先权重也应该较高。

复杂数据挖掘目前处理的方式一般通过数据录入的标准化来解决，核心在于数据录入标准体系的规划。建议为了整理的方便，初期规划时尽可能考虑周全，不仅适用现在，而且可以适用于未来。

第二节　数据挖掘概述

数据挖掘（Data Mining，DM）是数据库知识发现中的一个步骤，数据挖掘通常与计算机科学有关，并通过统计、在线分析处理、情报检索、机器学习、专家系统（依靠过去的经验法则）和模式识别等诸多方法来实现目标。

一、什么是数据挖掘

数据挖掘是指从数据库的大量数据中揭示出隐含的、先前未知的并有潜在价值的信息的非平凡过程。数据挖掘是一种决策支持过程，它主要基于人工智能、机器学习、模式识别、统计学、数据库、可视化技术等，高度自动化地分析企业的数据，做出归纳性的推理，从中挖掘出潜在的模式，帮助决策者调整市场策略，减少风险，做出正确的决策。

数据挖掘是通过分析每个数据，从大量数据中寻找其规律的技术，主要包括数据准备、规律寻找和规律表示三个步骤。数据准备是从相关的数据源中选取所需的数据并整合成用于数据挖掘的数据集；规律寻找是用某种方法将数据集所含的规律找出来；规律表示是尽可能以用户可理解的方式（如可视化）将找出的规律表示出来。

数据挖掘的任务主要包括关联分析、聚类分析、分类分析、异常分析、特异群组分析和演变分析等。并非所有的信息发现任务都被视为数据挖掘，如使用数据库管理系统查找个别的记录，或通过因特网的搜索引擎查找特定的 Web 页面，则是信息检索（Information Retrieval）领域的任务。虽然这些任务是重要的，可能涉及复杂的算法和数据结构，但是它们主要依赖传统的计算机科学技术和数据的明显特征来创建索引结构，从而有效地组织和检索信息。

数据挖掘引起了信息产业界的极大关注，其主要原因是存在大量数据，可以广泛使用，并且迫切需要将这些数据转换成有用的信息和知识。获取的信息和知识可以广泛用于各种应用，包括商务管理、生产控制、市场分析、工程设计和科学探索等。

数据挖掘利用了如下一些领域的思想：①统计学的抽样、估计和假设检验；②人工智能、模式识别和机器学习的搜索算法、建模技术和学习理论。此外，数据挖掘也迅速地接纳了来自其他领域的思想，这些领域包括最优化、进化计算、信息论、信号处理、可视化和信息检索。一些其他领域也起到重要的支撑作用。特别是需要数据库系统提供有效的存储、索引和查询处理支持。源于高性能（并行）计算的技术在处理海量数据集方面常常是重要的。分布式技术也能帮助处理海量数据，并且当数据不能集中到一起处理时更是至关重要。

二、数据挖掘的任务与过程

（一）数据挖掘的任务

利用计算机技术与数据库技术，可以支持建立并快速存储与检索各类数据库，但传统的数据处理与分析方法、手段难以对海量数据进行有效的处理与分析。利用传统的数据分析方法一般只能获得数据的表层信息，难以揭示数据属性的内在关系和隐含信息。海量数据的飞速产生和传统数据分析方法的不适用性，带来了对更有效的数据分析理论与技术的需求。

将快速增长的海量数据收集并存放在大型数据库中，使之成为难得再访问也无法有效利用的数据档案是一种极大的浪费。当需要从这些海量数据中找到人们可以理解和认识的信息与知识，使这些数据成为有用的数据时，就需要有更有效的分析理论与技术及相应工具。将智能技术与数据库技术结合起来，从这些数据中自动挖掘出有价值的信息是解决问题的一个有效途径。

对于海量数据和信息的分析与处理，可以帮助人们获得更丰富的知识和科学认识，在理论技术以及实践上获得更为有效且实用的成果。从海量数据中获得有用信息与知识的关键之一是决策者是否拥有从海量数据中提取有价值知识的方法与工具。如何从海量数据中提取有用的信息与知识，是当前人工智能、模式识别、机器学习等领域中一个重要的研究课题。

对于海量数据，可以利用数据库管理系统来进行存储管理。对数据中隐含的有用信息与知识，可以利用人工智能与机器学习等方法来分析和挖掘，这些技术的结合促使数据挖掘技术的产生。

数据挖掘技术与数据库技术有着密切关系。数据库技术解决了数据存储、查询与访问等问题，包括对数据库中数据的遍历。数据库技术未涉及对数据集中隐含信息的发现，而数据挖掘技术的主要目标就是挖掘出数据集中隐含的信息和知识。

数据挖掘技术产生的基本条件分别是：海量数据的产生与管理技术、高性能的计算机系统、数据挖掘算法。激发数据挖掘技术研究与应用的主要技术因素有如下4个。

①超大规模数据库的产生，如商业数据仓库和计算机系统自动收集的各类数据记录。商业数据库正在以空前的速度增长，而数据仓库正在被广泛地应用于各行各业。②先进的计算机技术，如具有更高效的计算能力和并行体系结构。复杂的数据处理与计算对计算机硬件性能的要求逐步提高，而并行多处理机在一定程度上满足了这种需求。③对海量数据的快速访问需求，如人们需要了解与获取海量数据中的有用信息。④对海量数据应用统一方法计算的能力。数据挖掘技术已获得广泛的研究与应用，并已经成为一种易于理解和操作的有效技术。

数据挖掘从第十一届国际联合人工智能学术会议上正式提出以来，学术界就没有中断过对它的研究。数据挖掘在学术界和工业界的影响越来越大。数据挖掘技术被认为是一个新兴的、非常重要的、具有广阔应用前景和富有挑战性的研究领域，并引起了众多学科研究者的广泛注意。经过数十年的努力，数据挖掘技术的研究已经取得了丰硕的成果。

数据挖掘作为一种"发现驱动型"的知识发现技术，被定义为找出数据中的模式的过程。这个过程必须是自动的或半自动的。数据的总量总是相当可观的，但从中发现的模式必须是有意义的，并能产生出一些效益，通常是经济上的效益。数据挖掘技术是数据库、信息检索、统计学、算法和机器学习等多个学科多年影响的结果。

数据挖掘从作用上可以分为预言性挖掘和描述性挖掘两大类。预言性挖掘是建立一个或一组模型，并根据模型产生关于数据的预测，可以根据数据项的值精确确定某种结果，所使用的数据也都是可以明确知道结果的。描述性挖掘是对数据中存在的规则做一种概要的描述，或者根据数据的相似性把数据分组。描述型模式不能直接用于预测。

（二）数据挖掘的过程

首先是定义问题，将业务问题转换为数据挖掘问题，然后选取合适的数据，并对数据进行分析理解。根据目标对数据属性进行转换和选择，之后使用数据对模型进行训练以建立模型。在评价确定模型对解决业务问题有效之后，将模型进行部署，弄清每一个步骤间的正常先后顺序，但这与实际操作可能不符。

尽管如此，实际中的数据挖掘过程最好视为网状循环而不是一条直线。各步骤之间确实存在一个自然顺序，但是没有必要或苛求完全结束某个步骤后才进行下一步。后面几步中获取的信息可能要求重新考察前面的步骤。

1. 定义问题

数据挖掘的目的是在大量数据中发现有用的令人感兴趣的信息，因此，发现何种知识就成为整个过程中第一个重要的阶段，这就要求对一系列问题进行定义，将业务问题转换为数据挖掘问题。

2. 选取合适的数据

数据挖掘需要数据。在所有可能的情况中，最好是所需数据已经存储在共同的数据仓库中，经过数据预处理，数据可用，历史精确且经常更新。

3. 理解数据后准备建模数据

在开始建立模型之前，需要花费一定的时间对数据进行研究，检查数据的分布情况，比较变量值及其描述，从而对数据属性进行选择，并对某些数据进行衍生处理。

4. 建立模型

针对特定业务需求及数据的特点来选择最合适的挖掘算法。在定向数据挖掘中，根据独立或输入的变量，训练集用于产生对独立的或者目标的变量的解释。这个解释可能采用神经网络、决策树、链接表或者其他表示数据库中的目标和其他字段之间关系的表达方式。在非定向数据挖掘中，就没有目标变量了。模型发现记录之间的关系，并使用关联规则或者聚类方式将这些关系表达出来。

5. 评价模型

数据挖掘的结果是否有价值，这就需要对结果进行评价。如果发现模型不能满足业务需求，则需要返回到前一个阶段，如重新选择数据，采用其他的数据转换方法，给定新的参数值，甚至采用其他的挖掘算法。

6. 部署模型

部署模型就是将模型从数据挖掘的环境转移到真实的业务评分环境。

三、数据挖掘的算法

（一）分类方法

从数据中选出已经分好类的训练集，在该训练集上运用数据挖掘分类的技术，建立分类模型，对于没有分类的数据进行分类。

从大的方面可以把分类方法分为机器学习方法、统计方法、神经网络方法等。其中，机器学习方法包括决策树法和规则归纳法；统计方法包括贝叶斯法等；神经网络方法主要是 BP 算法。分类算法根据训练集数据找到可以描述并区分数据类别的分类模型，使之可以预测未知数据的类别。

1. 决策树分类算法

决策树分类算法，典型的有 ID3、C4.5 等算法。ID3 算法是利用信息论中信息增益寻找数据库中具有最大信息量的字段，建立决策树的一个节点，并根据字段的不同取值建立树的分枝，在每个分枝子集中重复建树的下层节点和分枝的过程，最终建成决策树。C4.5 算法是 ID3 算法的后继版本。

2. 贝叶斯分类算法

贝叶斯分类算法是在贝叶斯定理的基础上发展起来的，它有几个分支，如朴素贝叶斯分类和贝叶斯信念网络算法。朴素贝叶斯算法假定一个属性值对给定类的影响独立于其他属性的值。贝叶斯信念网络算法是网状图形，能表示属性子集间的依赖关系。

3. BP 算法

BP（Error Back Propagation，误差反向传播）算法构建的模型是指在前向反馈神经网络上学习得到的模型，它本质上是一种非线性判别函数，适合于在那些普通方法无法解决、需要用复杂的多元函数进行非线性映照的数据挖掘环境下，用于完成半结构化和非结构化的辅助决策支持过程，但是在使用过程中要注意避开局部极小的问题。

（二）关联方法

相关性分组或关联规则（Affinity grouping or association rules）决定哪些事情将一起发生。

在关联规则发现算法中，典型的是 Apriori 算法，它是挖掘顾客交易数据库中项集间的关联规则的重要方法，其核心是基于两阶段频集思想的递推算法。所有支持度大于最小支持度的项集称为频繁项集，简称频集。基本思想是先找出所有的频集，这些项集出现的频繁性至少和预定义的最小支持度一样；然后由频集产生强关联规则，这些规则必须满足最小支持度和最小可信度。它的缺点是容易在挖掘过程中产生瓶颈，须重复扫描代价较高的数据库。

而在多值属性关联算法中，典型的是 MAGA 算法，它是将多值关联规则问题转化为布尔型关联规则问题，然后利用已有的挖掘布尔型关联规则的方法得到有价值的规则。若属性为类别属性，则先将属性值映射为连续的整数，并将意义相近的取值相邻编号。

（三）聚类方法

聚类是对记录分组，把相似的记录在一个聚集里。聚类和分类的区别是聚集不依赖预先定义好的类，不需要训练集。

聚集通常作为数据挖掘的第一步。例如，"哪一种类的促销对客户响应最好"？对于这一类问题，先对整个客户做聚集，将客户分组在各自的聚集里，然后对每个不同的聚集回答问题，可能效果更好。

聚类方法包括统计分析算法、机器学习算法、神经网络算法等。在统计分析算法中，聚类分析是基于距离的聚类，如欧氏距离、海明距离等。这种聚类分析方法是一种基于全局比较的聚类，它需要考察所有的个体才能决定类的划分。

在机器学习算法中，聚类是无监督的学习。在这里，距离是根据概念的描述来确定的，故此聚类也称概念聚类。当聚类对象动态增加时，概念聚类则转变为概念形成。

在神经网络算法中，自组织神经网络方法可用于聚类，如 ART 模型、Kohonen 模型等，它是一种无监督的学习方法，即当给定距离阈值后，各个样本按阈值进行聚类。它的优点是能非线性学习和联想记忆，但也存在一些问题，首先如不能观察中间的学习过程，最后的输出结果较难解释，从而影响结果的可信度及可接受程度；其次，神经网络需要较长的学习时间，对大数据量而言，其性能会出现严重问题。

（四）预测序列方法

常见的预测序列方法有简易平均法、移动平均法、指数平滑法、线性回归法、灰色预测法等。

指数平滑法是在移动平均法基础上发展起来的一种时间序列分析预测法，它是通过计算指数平滑值，配合一定的时间序列预测模型对现象的未来进行预测的。它能减少随机因素引起的波动和检测器错误。

灰色预测法是建立在灰色预测理论基础上的，在灰色预测理论看来，系统的发展有其内在的一致性和连续性，该理论认为，将系统发展的历史数据进行若干次累加和累减处理，所得到的数据序列将呈现某种特定的模式（如指数增长模式等），挖掘该模式然后对数据进行还原，就可以预测系统的发展变化。灰色预测法是一种对含有不确定因素的系统进行预测的常用定量方法。通常来说，在宏观经济的各行业中，由于受客观政策及市场经济等各方面因素影响，可以认为这些系统都是灰色系统，均可用灰色预测法来描述其发展、变化的趋势。灰色预测是对既含有确定信息又含有不确定信息的系统进行预测，也就是对在一定范围内变化的、与时间序列有关的灰色过程进行预测。尽管灰色过程中所显示的现象是随机的，但毕竟是有序的，因此，我们得到的数据集合具备潜在的规律。灰色预测通过鉴别系统因素之间发展趋势的相异程度，即进行关联分析，并对原始数据进行生成处理来寻找系统变动的规律，生成有较强规律性的数据序列，然后建立相应的微分方程模型，以此来预测事物未来的发展趋势的状况。

回归技术中，线性回归模型是通过处理数据变量之间的关系，找出合理的数学表达式，并结合历史数据来对将来的数据进行预测。

（五）估计

估计与分类相似，不同之处在于：分类描述的是离散型变量的输出，而估计处理连续值的输出；分类的类别是确定数目的，估计的量是不确定的。

一般来说，估计可以作为分类的前一步工作。给定一些输入数据，通过估计得到未知的连续变量的值，然后根据预先设定的阈值进行分类。例如，银行对家庭贷款业务运用估计给各个客户记分（Score 0~1），然后根据阈值将贷款级别分类。

（六）预测

通常，预测是通过分类或估计起作用的，也就是说，通过分类或估计得出模型，该模型用于对未知变量的预测。从这个意义上说，预测其实没有必要分为一个单独的类。预测的目的是对未来未知变量的预言，这种预言是需要时间来验证的，即必须经过一定时间后，才知道预言的准确性是多少。

（七）描述和可视化

描述和可视化（Description and Visualization）是对数据挖掘结果的表示方式。

DHL 是国际快递和物流行业的全球市场领先者，它提供快递、水陆空三路运输、合同物流解决方案以及国际邮件服务。DHL 的国际网络将超过 220 个国家及地区联系起来，员工总数超过 28.5 万人。在美国 FDA（食品药品监督管理局）要求确保运送过程中药品装运的温度达标这一压力之下，DHL 的医药客户强烈要求提供更可靠且更实惠的选择。这就要求 DHL 在递送的各个阶段都要实时跟踪集装箱的温度。虽然由记录器方法生成的信息准确无误，但是无法实时传递数据，使客户和 DHL 都无法在发生温度偏差时采取任何预防和纠正措施。因此，DHL 的母公司——德国邮政世界网（DPWN）通过技术与创新管理（TIM）集团明确拟订了一个计划，准备使用 RFID 技术在不同时间点全程跟踪装运的温度，通过 IBM 全球企业咨询服务部绘制决定服务的关键功能参数的流程框架。这样可获得如下收益：对于最终客户来说，能够使医药客户对运送过程中出现的装运问题提前做出响应，并以引人注目的低成本全面切实地增强运送可靠性；对于 DHL 来说，提高了客户满意度和忠诚度，为保持竞争差异奠定了坚实的基础，并成为重要的新的收入增长来源。

四、数据挖掘和 OLAP

数据挖掘和 OLAP（联机分析处理）是完全不同的工具，技术也大相径庭。

OLAP 是决策支持领域的一部分。传统的查询和报表工具只能告诉用户数据库中都有什么（What happened），而 OLAP 则告诉用户下一步会怎么样（What next）以及如果用户采取这样的措施又会怎么样（What if）。用户先建立一个假设，然后用 OLAP 检索数据库来验证这个假设是否正确。比如，一个分析师想找到是什么原因导致了贷款拖欠，他可能先做一个初始的假定，认为低收入的人信用度也低，然后用 OLAP 来验证这个假设。如果这个假设没有被证实，他可能去查看那些高负债的账户，如果还不行，他也许要把收入和负债一起考虑，一直进行下去，直到找到他想要的结果或放弃。

也就是说，OLAP 分析师是建立一系列的假设，然后通过 OLAP 来证实或推翻这些假设来最终得到自己的结论。OLAP 分析在本质上是一个演绎推理的过程。但是，如果分析的变量达到几十或上百个，那么再用 OLAP 手动分析验证这些假设将是一件非常困难和痛苦的事情。

数据挖掘与 OLAP 不同的地方是：数据挖掘不是用于验证某个假定的模式（模型）的正确性，而是在数据库中自己寻找模型。它在本质上是一个归纳的过程。比如，一个用数据挖掘工具的分析师想找到引起贷款拖欠的风险因素。数据挖掘工具可能帮他找到高负债和低收入是引起这个问题的因素，甚至还可能发现一些分析师从来没有想过或试过的其他因素，如年龄。

数据挖掘和 OLAP 具有一定的互补性。在利用数据挖掘出来的结论采取行动之前，也许要验证一下如果采取这样的行动会给公司带来什么样的影响，那么 OLAP 工具能回答这些问题。

在知识发现的早期阶段，OLAP 工具还有其他一些用途。例如，可以帮用户探索数据，找到哪些是对一个问题比较重要的变量，发现异常数据和互相影响的变量。这都能帮分析者更好地理解数据，加快知识发现的过程。

第三节　关联技术分析

关联分析又称关联挖掘，就是在交易数据、关系数据或其他信息载体中，查找存在于项目集合或对象集合之间的频繁模式、关联、相关性或因果结构。或者说，关联分析是发现交易数据库中不同商品（项）之间的联系。下面介绍关联技术的相关分析。

一、关联分析简介

关联分析是指如果两个或多个事物之间存在一定的关联，那么其中一个事物就能通过其他事物进行预测。它的目的是挖掘隐藏在数据间的相互关系。

下面来看一个有趣的故事——"尿布与啤酒"的故事。在一家超市里，有一个有趣的现象：尿布和啤酒赫然摆在一起出售。但是这个奇怪的举措却使尿布和啤酒的销量双双增加了。这不是一个笑话，而是发生在美国沃尔玛连锁店超市的真实案例，并一直为商家所津津乐道。沃尔玛拥有世界上最大的数据仓库系统，为了能够准确了解顾客在其门店的购买习惯，沃尔玛对其顾客的购物行为进行购物篮分析，想知道顾客经常一起购买的商品有哪些。沃尔玛数据仓库里集中了其各门店的详细原始交易数据。在这些原始交易数据的基础上，沃尔玛利用数据挖掘方法对这些数据进行分析和挖掘。一个意外的发现是，与尿布一起购买最多的商品竟是啤酒。经过大量实际调查和分析，揭示了一个隐藏在尿布与啤酒背后的美国人的一种行为模式：在美国，一些年轻的父亲下班后经常要到超市去买婴儿尿布，而他们中有 30%~40% 的人同时为自己买一些啤酒。产生这一现象的原因是：美国的太太们常叮嘱她们的丈夫下班后为小孩买尿布，而丈夫们在买尿布后又随手带回了他们喜欢的啤酒。

按常规思维，尿布与啤酒风马牛不相及，若不是借助数据挖掘技术对大量交易数据进行挖掘分析，沃尔玛是不可能发现数据内潜在这一有价值的规律的。

客户的一个订单中通常包含了多种商品，这些商品是有关联的。比如，购买了轮胎的外胎就会购买内胎；购买了羽毛球拍，就会购买羽毛球。

可见，关联分析能够识别出相互关联的事件，预测一个事件发生时有多大的概率发生另一个事件。

数据关联是数据库中存在的一类重要的可被发现的知识。若两个或多个变量的取值之间存在某种规律性，就称为关联。关联可分为简单关联、时序关联和因果关联。关联分析的目的是找出数据库中隐藏的关联网。有时并不知道数据库中数据的关联函数，即使知道也是不确定的，因此关联分析生成的规则带有可信度。关联规则挖掘可以发现大量数据中项集之间有趣的关联或相关联系。

IBM 公司 Almaden 研究中心的 R. Agrawal 等人首先提出了挖掘顾客交易数据库中项集间的关联规则问题，以后诸多的研究人员对关联规则的挖掘问题进行了大量的研究。他们的工作包括对原有的算法进行优化（如引入随机采样、并行的思想等，以提高算法挖掘规则的效率）；对关联规则的应用进行推广。关联规则挖掘在数据挖掘中是一个重要的课题，已经被业界广泛研究。

二、关联规则挖掘过程

关联规则挖掘（Association Rule Mining）是数据挖掘中最活跃的研究方法之一，可以用来发现数据之间的联系。关联规则挖掘过程主要包含两个阶段：第一阶段必须先从资料集合中找出所有的高频项目组（Frequent Itemsets），第二阶段再由这些高频项目组中产生关联规则（Association Rules）。

关联规则挖掘通常比较适用于记录中的指标取离散值的情况。如果原始数据库中的指标值是取连续的数据，则在关联规则挖掘之前应该进行适当的数据离散化（实际上就是将某个区间的值对应于某个值）。数据的离散化是数据挖掘前的重要环节，离散化的过程是否合理将直接影响关联规则的挖掘结果。

三、关联规则的分类

（一）基于规则中处理的变量的类别，关联规则可以分为布尔型和数值型

布尔型关联规则处理的值都是离散的、种类化的，它显示了这些变量之间的关系；而数值型关联规则可以和多维关联或多层关联规则结合起来，对数值型字段进行处理，将其进行动态分割，或者直接对原始的数据进行处理，当然数值型关联规则中也可以包含种类变量。

（二）基于规则中数据的抽象层次，可以分为单层关联规则和多层关联规则

在单层的关联规则中，所有的变量都没有考虑到现实的数据具有多个不同的层次；而在多层的关联规则中，对数据的多层性已经进行了充分的考虑。

（三）基于规则中涉及的数据的维数，关联规则可以分为单维的和多维的

在单维的关联规则中，我们只涉及数据的一个维，如用户购买的物品；而在多维的关联规则中，要处理的数据将会涉及多个维。换句话说，单维关联规则是处理单个属性中的一些关系；多维关联规则是处理各个属性之间的某些关系。

四、关联规则的算法

（一）Apriori 算法：使用候选项集找频繁项集

Apriori 算法是一种最有影响的挖掘布尔关联规则频繁项集的算法。该关联规则在分类上属于单维、单层、布尔关联规则。其基本思想是：先找出所有的频集，这些项集出现的频繁性至少和预定义的最小支持度一样；然后由频集产生强关联规则，这些规则必须满足最小支持度和最小可信度；接着使用第一步找到的频集产生期望的规则，产生只包含集合的项的所有规则，其中每一条规则的右部只有一项，这里采用的是中规则的定义。一旦这些规则被生成，那么只有那些大于用户给定的最小可信度的规则才被留下来。为了生成所有频集，使用递推的方法，可能产生大量的候选集，或可能需要重复扫描数据库，是

Apriori 算法的两大缺点。

（二）基于划分的算法

Savasere 等设计了一个基于划分的算法。这个算法先把数据库从逻辑上分成几个互不相交的块，每次单独考虑一个分块并对它生成所有的频集，然后把产生的频集合并，用来生成所有可能的频集，最后计算这些频集的支持度。

这里分块的大小选择要使每个分块可以被放入主存，每个阶段只须被扫描一次。而算法的正确性是由每一个可能的频集或至少在某一个分块中是频集保证的。该算法是可以高度并行的，可以把每一分块分别分配给某一个处理器生成频集。产生频集的每一个循环结束后，处理器之间进行通信来产生全局的候选 k-项集。通常这里的通信过程是算法执行时间的主要瓶颈；而另一方面，每个独立的处理器生成频集的时间也是一个瓶颈。

（三）FP-树频集算法

针对 Apriori 算法的固有缺陷，J. Han 等提出了不产生候选挖掘频繁项集的方法——FP-树频集算法。

采用分而治之的策略，在经过第一遍扫描之后，把数据库中的频集压缩进一棵频繁模式树（FP-tree），同时依然保留其中的关联信息，随后再将 FP-tree 分化成一些条件库，每个库和一个长度为 1 的频集相关，再对这些条件库分别进行挖掘。当原始数据量很大的时候，也可以结合划分的方法，使一个 FP-tree 可以放入主存中。实验表明，FP-树频集算法对不同长度的规则都有很好的适应性，同时在效率上较之 Apriori 算法也有很大的提高。

五、关联规则的应用实践

关联规则挖掘技术已经被广泛应用在金融行业企业中，它可以成功预测银行客户的需求。一旦获得了这些信息，银行就可以改善自身营销。现在银行一直都在研究新的客户沟通方法，各银行在自己的 ATM 机上捆绑了顾客可能感兴趣的本行产品信息，供使用本行 ATM 机的用户了解。如果数据库中显示，某个高信用限额的客户更换了地址，这个客户很有可能新近购买了一栋更大的住宅，因此会有可能需要更高信用限额、更高端的新信用卡，或者需要住房改善贷款，这些产品都可以通过信用卡账单邮寄给客户。当客户打电话咨询的时候，数据库可以在销售代表的电脑屏幕上显示出客户的特点，同时可以显示出顾客会对什么产品感兴趣，帮助销售。

同时，一些知名的电子商务站点也从强大的关联规则挖掘中受益。这些电子购物网站使用关联规则进行挖掘，然后设置用户有意要一起购买的捆绑包。也有一些购物网站使用它们设置相应的交叉销售，也就是设置相关的另外一种商品的广告。

目前，在中国，"数据海量，信息缺乏"是商业银行在数据大集中之后普遍面对的尴尬。金融业实施的大多数数据库只能实现数据的录入、查询、统计等较低层次的功能，却无法发现数据中存在的各种有用的信息，如对这些数据进行分析，发现其数据模式及特征，然后可能发现某个客户、消费群体或组织的金融和商业兴趣，并可观察金融市场的变化趋势。可以说，关联规则挖掘的技术在我国的研究与应用并不是很广泛深入。

由于许多应用问题往往更复杂，大量研究从不同的角度对关联规则做了扩展，将更多的因素集成到关联规则挖掘方法之中，以此丰富关联规则的应用领域，拓宽支持管理决策的范围，如考虑属性之间的类别层次关系、时态关系、多表挖掘等。近年来围绕关联规则的研究主要集中于两个方面，即扩展经典关联规则能够解决问题的范围，改善经典关联规则挖掘算法效率和规则兴趣性。

在大型数据库中，关联规则挖掘是最常见的数据挖掘任务之一，是从大量数据中发现项集之间的相关联系。Apriori算法采用逐层搜索的迭代策略，先产生候选集，再对候选集进行筛选，然后产生该层的频繁集。

第七章 大数据抽取、清洗与去噪技术

第一节 大数据抽取技术

大数据抽取是指将在大数据分析与挖掘中所需要的相关数据抽取出来，放到指定的目标系统中的过程，其抽取数据的特点是便于统计分析、信息量大、可靠有效性强。

一、大数据抽取技术概述

采集来的数据通常不能够直接用于数据分析，需要从众多底层数据库中将所需要的数据抽取出来，并从中提取出关系和实体，经过关联和聚合之后，再将这些数据存储于同一种数据结构中，进而形成适于数据分析的数据结构。大数据来源十分广泛，数据规模大而且类型多，获取的数据不仅包含结构化数据和半结构化数据，也包含图像、视频等非结构化的数据。除此之外，由于监控摄像头、装载有 GPS 的智能手机、相机和其他便携设备无处不在，产生了保真度不等的位置和轨迹数据，进而形成复杂的数据环境，这就给大数据抽取带来了极大的困难。

数据抽取需要做的首要工作是准确地确定源数据和抽取原则。将多种数据库运行环境中的数据进行整合与处理，然后设计新数据的存储结构，并定义与源数据的转换机制和装载机制，以便能够准确地从各个数据源中抽取所需的数据，并将这些结构和转换信息作为元数据存储起来。在数据抽取过程中，需要全面掌握数据源的结构与特点。在抽取多个异构数据源的过程中，可以将不同的源数据格式转换成一种中间模式，然后再把它们集成起来。数据抽取是知识发现的关键性工作，早期的数据抽取依靠手工编程来实现，现在可以通过高效的抽取工具来实现。即使应用抽取工具，数据抽取和装载仍然是一件很艰苦的工作。应用领域的分析数据通常来自不同的数据源，不仅存在模式定义的差异，而且存在因数据冗余而无法确定有效数据的情形。此外，还需要考虑多个数据库系统存在不兼容的情况。

数据抽取技术的研究主要集中在应用机器学习方法来增强系统的可移植性、探索更深层次的理解技术、篇幅分析技术、多语言文本处理技术、Web 信息抽取技术以及时间信息处理等技术。

（一）数据抽取的定义

数据抽取过程是搜索全部数据源，按照某种标准选择合乎要求的数据，并将被选中的数据传送到目的地中存储的过程。简单地说，数据抽取过程就是从数据源中抽取数据并传送到目的数据系统中的过程。数据源可以是关系型数据库或非关系型数据库，数据可以是结构化数据、非结构化数据和半结构化数据。在数据抽取之前，需要清楚数据源的类型和数据的类型，以便根据不同的数据源和数据类型采取不同的抽取策略与方法。

（二）数据映射与数据迁移

1. 数据映射的定义

数据映射是指给定两个数据模型，在模型之间建立起数据元素的对应关系的过程。在数据迁移、数据清洗、数据集成、语义网构造、P2P 等信息系统中广泛使用数据映射技术。

2. 数据映射方式

数据映射具有手工编码和可视化操作两种方式。手工编码是直接用类似 XSLT、Java、C++等编程语言来定义数据对应关系。可视化操作通常支持用户在数据项之间画一条线以定义数据项之间的对应关系，有些可视化操作的工具可以自动建立这种对应关系。这种自动建立的对应关系一般要求数据项具有相同的名称。无论采用手工方式操作还是自动建立关系，最终都需要工具自动将图形表示的对应关系转化成可执行程序。

3. 数据迁移过程

数据迁移包括三个阶段：数据抽取、数据转换和数据加载，但是如何抽取、如何转换、加载到什么位置等需要有一个明确的规则。因此，需要数据映射来定义这些规则。也就是说，在数据迁移之前，必须了解源和目的数据库的概念模型，以及源和目的系统之间的对应关系，将这种关系进行分类和细化，并且给出明确的定义和解释，即映射规则。

（三）数据抽取程序

将完成数据抽取的程序称为数据抽取程序，又称包装器。构建数据抽取程序的条件如下：

1. 抽取数据对象的类型

数据源中的数据对象繁多、千差万别，从简单的字符串到线性表、树形结构和有向图结构等。如果在数据模型中描述了数据源中数据对象的结构，那么就能够使得数据抽取程序抽取任意数据对象类型的数据，从而使数据抽取程序具有通用性。

2. 在数据源中寻找所需的数据对象的方法

可以应用搜索规则驱动一个通用的搜索算法在数据源中搜索与抽取规则相匹配的数据对象。

3. 为已找到的数据选择组装格式

应用符合某个数据库模式的格式来组装已经找到的数据对象，对于结构化数据可以使用关系数据库格式，对于非结构化的数据可以利用文档数据库或键值数据库等格式，对于半结构化数据可以应用关系数据库格式和文档数据库或键值数据库相结合的格式。

4. 将找到的数据对象组装到数据库中的方法

可以用一组映射规则来描述数据类型与数据库字段之间的关系。当找到一个数据对象之后，先用映射规则根据数据对象所属的数据类型找到所对应的数据库字段，然后将这些数据对象组装在这个字段中。

5. 生成和维护数据抽取过程所需的元数据

元数据是数据抽取模型、抽取规则、数据库模式和映射规则的参数，元数据能够使抽取和组装算法正常工作。在数据仓库系统中的元数据定义为数据仓库管理和有效使用的任何信息。一个数据源需要用一套元数据进行描述，由于数据集成系统包含大量数据源和元数据，所以维护这些元数据的工作量巨大。

一般不单独设计组装算法，而是设计能够完成数据抽取与组装功能的算法。

（四）抽取、转换和加载

数据抽取、转换和加载工具将分布的、异构数据源中的数据，如关系数据、平面数据文件等抽取到临时中间层后进行清洗、转换、集成，最后加载到数据仓库或数据集市中，成为联机分析处理、数据挖掘的基础。

（五）数据抽取方式

不同的数据类型的源和目标抽取方法不同，常用的数据抽取方法简述如下：

1. 同构同质数据抽取

同构同质数据库是指同一类型的数据模型、同一型号的数据库系统。例如，MySQL 数据库与 SQL Server 数据库是同构同质数据库。如果数据源与组装的目标数据库系统是同构同质，那么目标数据库服务器和原业务系统之间可以在建立直接的链接关系之后，就可以利用结构化查询语言的语句访问，进而实现数据迁移。

2. 同构异质数据抽取

同构异质是指同一类型的数据模型、不同型号的数据库系统。如果数据源存组装的目标数据库系统是同构异质，对于这类数据源可以通过 ODBC 的方式建立数据库链接。例如，Oracle 数据库与 SQL Server 数据库可以建立 ODBC 连接。

3. 文件型数据抽取

如果抽取的数据在文件中，可以有结构化数据、非结构化数据与半结构化数据。如果是非结构化数据与半结构化数据，那么就可以利用数据库工具以文件为基本单位，将这些数据导入指定的数据库，然后借助工具从这个指定的文档数据库完成抽取。

4. 全量数据抽取

全量数据抽取类似于数据迁移或数据复制，它将数据源中的表或视图的数据原封不动地从数据库中抽取出来，并转换成抽取工具可以识别的格式。

5. 增量数据抽取

当源系统的数据量巨大时，或在实时的情况下装载业务系统的数据时，实现完全数据抽取几乎不太可能，为此可以使用增量数据抽取。增量数据抽取是指在进行数据抽取操作时，只抽取数据源中发生改变的地方数据，没有发生变化的数据不再进行重复抽取。也可将增量数据抽取看作时间戳方式，抽取一定时间戳前所有的数据。

二、增量数据抽取技术

要实现增量抽取，关键是如何准确快速地捕获变化的数据。增量抽取机制能够将业务系统中的变化数据按一定的频率准确地捕获到，同时不对业务系统造成太大的压力，也不影响现有业务。相对全量抽取，增量抽取的设计更为复杂。

（一）增量抽取的特点与策略

1. 增量抽取的特点

（1）只抽取发生变化的数据。

（2）相对于全量抽取更为快捷，处理量更少。

（3）采用增量抽取需要在与数据装载时的更新策略相对应。

2. 增量抽取的策略

（1）时间戳：扫描数据记录的更改时间戳，比较时间戳来确定被更新的数据。

（2）增量文件：扫描应用程序在更改数据时所记录的数据变化增量文件，增量文件是指数据所发生的变化的文件。

（3）日志文件：目的是实现恢复机制，其中记载了各种操作的影响。

（4）修改应用程序代码：以产生时间戳、增量文件、日志等信息，或直接推送更新内容，达到增量更新目标数据的目的。

（5）快照比较：在每次抽取前首先对数据源快照，并将该快照与上次抽取时建立的快照相互比较，以确定对数据源所做的更改，并逐表、逐记录进行比较，抽取相应更改内容。

在数据抽取中，根据转移方式的不同，可以将数据转移分两个阶段，即初始化转移阶段和增量转移阶段。初始化转移阶段采用全量抽取的方式，增量转移阶段按照上述的增量抽取方式进行有选择的抽取。

（二）基于触发器的增量抽取方式

当数据源存于数据库时，可在数据库管理系统中设置触发器来侦听数据源的增删改事件以监控数据的增量变化，并进一步采取措施将增量变化反映到目标数据中。其具体方法如下：

（1）使用配套工具直接捕获数据变化事件并实时刷新目标数据。

（2）与时间戳法或增量文件法结合，在数据变化事件处理逻辑中，设置时间戳或产生增量记录。

（3）在捕获到数据变化时，将增量数据追加到临时表中。

触发器方式是普遍采取的一种增量抽取机制。该方式是根据抽取要求，在要被抽取的源表上建立插入、修改、删除三个触发器，每当源表中的数据发生变化，就被相应的触发器将变化的数据写入一个增量日志表，ETL 的增量抽取从增量日志表中而不是直接在源表中抽取数据，同时增量日志表中抽取过的数据要及时做标记或者删除。为了简单起见，增量日志表一般不存储增量数据的所有字段信息，而只是存储源表名称、更新的关键字值和更新操作类型（插入、修改或删除），ETL 增量抽取进程首先根据源表名称和更新的关键字值，从源表中提取对应的完整记录，再根据更新操作类型，对目标表进行相应的处理。

（三）基于时间戳的增量抽取方式

1. 时间戳方式

时间戳方式是一种基于快照比较的变化数据捕获方式，在原表上增加一个时间戳字段，当系统中更新修改表数据时，同时修改时间戳字段的值。当进行数据抽取时，通过比较上次抽取时间与时间戳字段的值来决定抽取数据。

时间戳方式的优点是性能优异，系统设计清晰，数据抽取相对简单，可以实现数据的递增加载。时间戳方式的缺点是需要由业务系统来完成时间戳的维护，对业务系统需要加入额外的时间戳字段，特别是对不支持时间戳的自动更新的数据库，还要求业务系统进行额外的更新时间戳操作；另外，无法捕获对时间戳以前数据的删除和刷新操作，在数据准确性上受到了一定的限制。

2. 基于时间戳的数据转移

时间戳方式抽取数据需要在源表上增加一个时间戳字段，当系统中更新修改表数据时，同时修改时间戳字段的值。有的数据库的时间戳支持自动更新，即表的其他字段的数据发生改变时，时间戳字段的值也会被自动更新为记录改变的时刻。这时进行 ETL 实施时只需要在源表加上时间戳字段就可以了。对于不支持时间戳自动更新的数据库，要求业务系统在更新业务数据时，通过编程的方式手工更新时间戳字段。使用时间戳方式可以正常捕获源表的插入和更新操作，但对于删除操作则无能为力，需要结合其他机制才能完成。

（四）全表删除插入方式

全表删除插入方式是指每次抽取前先删除目标表数据，抽取时全新加载数据。该方式实际上将增量抽取等同于全量抽取。当数据量不大，全量抽取的时间代价小于执行增量抽取的算法和条件代价时，可以采用该方式。

全表删除插入方式的优点是加载规则简单，速度快，缺点是对于维表加外键不适应，当业务系统产生删除数据操作时，综合数据库将不会记录到所删除的历史数据，不可以实现数据的递增加载，同时对于目标表所建立的关联关系，需要重新进行创建。

（五）全表比对抽取方式

全表比对抽取方式是指在增量抽取时，逐条比较源表和目标表的记录，将新增和修改的记录读取出来。优化之后的全部比对方式是采用 MD5 校验码，需要事先为要抽取的表建立一个结构类似的 MD5 临时表，该临时表记录源表的主键值以及根据源表所有字段的数据计算出来的 MD5 校验码，每次进行数据抽取时，对源表和 MD5 临时表进行 MD5 校验码的比对，如果不同，则进行刷新操作。如目标表没有存在该主键值，表示该记录还没有被抽取，则进行插入操作。然后，还需要对在源表中已不存在而目标表仍保留的主键值执行删除操作。

下载文件之后，如果需要知道下载的这个文件与网站的原始文件是否相同，就需要给下载的文件进行 MD5 校验。如果得到的 MD5 值和网站公布的相同，可确认下载的文件完整；如有不同，说明下载的文件不完整，其原因可能是在网络下载的过程中出现错误，或此文件已被别人修改。为防止他人更改该文件时放入病毒，不应使用不完整文件。

当用 E-mail 给好友发送文件时，可以将要发送文件的 MD5 值告诉对方，这样好友收到该文件以后即可对其进行校验，来确定文件是否安全。在刚安装好系统后可以给系统文件做个 MD5 校验，过了一段时间后如果怀疑某些文件被人换掉，那么就可以给那些被怀疑的文件做个 MD5 校验，如果与从前得到的 MD5 校验码不相同，那么就可以肯定出现了问题。

典型的全表比对的方式是采用 MD5 校验码。数据抽取事先为要抽取的表建立一个结构类似的 MD5 临时表，该临时表记录源表主键以及根据所有字段的数据计算出来的 MD5 校验码。每次进行数据抽取时，对源表和 MD5 临时表进行 MD5 校验码的比对，从而决定源表中的数据是新增、修改还是删除，同时更新 MD5 校验码。MD5 方式的优点是对源系统的倾入性较小（仅需要建立一个 MD5 临时表）；缺点也是显而易见的，与触发器和时间戳方式中的主动通知不同，MD5 方式是被动地进行全表数据的比对，性能较差。当表中没有主键或唯一列且含有重复记录时，MD5 方式的准确性较差。

（六）日志表方式

对于建立了业务系统的生产数据库，可以在数据库中创建业务日志表，当特定需要监控的业务数据发生变化时，由相应的业务系统程序模块来更新维护日志表内容。增量抽取时，通过读日志表数据决定加载哪些数据及如何加载。日志表的维护需要由业务系统程序用代码来完成。

在业务系统中添加系统日志表，当业务数据发生变化时，更新维护日志表内容，当加载时，通过读日志表数据决定加载哪些数据及如何加载。其优点是不需要修改业务系统表结构，源数据抽取清楚，速度较快，可以实现数据的递增加载；其缺点是日志表维护需要由业务系统完成，需要对业务系统业务操作程序做修改，记录日志信息。日志表维护较为麻烦，对原有系统有较大影响，且工作量较大，改动较大，有一定风险。

（七）系统日志分析方式

系统日志分析方式通过分析数据库自身的日志来判断变化的数据。关系型数据库系统都会将所有的 DML 操作存储在日志文件中，以实现数据库的备份和还原功能。ETL 增量抽取进程通过对数据库的日志进行分析，提取对相关源表在特定时间后发生的 DML 操作信息，可以得知自上次抽取时刻以来该表的数据变化情况，从而指导增量抽取动作。有些数据库系统提供了访问日志的专用的程序包，例如 Oracle 的 Log Miner，使数据库日志的分析工作更为简化。

（八）各种数据抽取机制的比较与分析

在进行增量抽取操作时，存在多种可以选择的数据抽取机制。从兼容性、完备性、性能和侵入性等方面对这些机制进行比较与分析，以合理选择数据抽取方式。

1. 兼容性

数据抽取面对的源系统并不一定都是关系型数据库系统。某个 ETL 过程需要从若干年前的遗留系统中抽取数据的情形经常发生。这时所有基于关系型数据库产品的增量机制都无法工作，时间戳方式和全表比对方式可能有一定的利用价值。在这种情况下，只有放弃增量抽取的思路，转而采用全表删除插入方式。

2. 完备性

在完备性方面，时间戳方式不能捕获删除操作，需要结合其他方式一起使用。

3. 性能

增量抽取的性能因素表现在两方面：一方面是抽取进程本身的性能，另一方面是对源系统性能的负面影响。触发器方式、日志表方式以及系统日志分析方式由于不需要在抽取过程中执行比对步骤，所以增量抽取的性能较佳。全表比对方式需要经过复杂的比对过程才能识别出更改的记录，抽取性能最差。在对源系统的性能影响方面，触发器方式是直接在源系统业务表上建立触发器，同时写临时表，对于频繁操作的业务系统可能会有一定的性能损失，尤其是当业务表上执行批量操作时，行级触发器将会对性能产生严重的影响；同步 CDC 方式内部采用触发器的方式实现，也同样存在性能影响的问题，全表比对方式和日志表方式对数据源系统数据库的性能没有任何影响，只是它们需要业务系统进行额外的运算和数据库操作，会有少许的时间损耗；时间戳方式、系统日志分析方式以及基于系

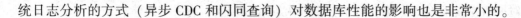
统日志分析的方式（异步 CDC 和闪同查询）对数据库性能的影响也是非常小的。

4. 侵入性

对数据源系统的侵入性是指业务系统是否要为实现增量抽取机制做功能修改和额外操作，在这一点上，时间戳方式值得特别关注。该方式除了要修改数据源系统表结构外，对于不支持时间戳字段自动更新的关系型数据库产品，还必须修改业务系统的功能，让它在源表执行每次操作时都要显式更新表的时间戳字段，这在 ETL 实施过程中必须得到数据源系统高度的配合才能达到，并且在多数情况下这种要求在数据源系统看来比较过分，这也是时间戳方式无法得到广泛运用的主要原因。另外，触发器方式需要在源表上建立触发器，这种在某些场合中也遭到拒绝。还有一些需要建立临时表的方式，例如全表比对和日志表方式，可能因为开放给 ETL 进程的数据库权限的限制而无法实施。同样的情况也可能发生在基于系统日志分析的方式上，因为大多数的数据库产品只允许特定组的用户甚至只有 DBA 才能执行日志分析。闪回查询在侵入性方面的影响是最小的。

三、非结构化数据抽取

非结构化数据已经逐渐成为大数据的代名词。与交易型数据相比较，非结构化数据的增长速度要快很多。整理、组织并分析非结构化数据，能够为企业带来更多的竞争优势。

（一）非结构化数据类型

1. 文本

在掌握了元数据结构之后，就能够进行解译机器生成的数据等。当然，流数据中有一些字段需要更加高级的分析和发掘功能。

2. 交互数据

交互数据是指社交网络中的数据，大量的业务价值隐藏其中。人们表达对人、产品的看法和观点，并以文本字段的方式存储。为了自动分析这部分数据，需要借助实体识别以及语义分析等技术。需要将文本数据以实体集合的形式展现，并结合其中的关系属性。

3. 音频

许多研究是针对解译音频流数据的内容，并能够判断说话者的情绪，然后再利用文本分析技术对这部分数据进行分析。

4. 视频

视频是最具挑战性的数据类型。图像识别技术可以对每一帧图像进行抽取，当然，要真正做到对视频内容进行分析还需要技术的进一步发展。而视频中又包括音频，可以用上述的技术进行解译。

（二）非结构化数据模型

对于非结构化数据的描述，除了采用关键字，还可以基于领域知识对数据中的对象进行解释。借助解释使得被解释的对象可以用一些概念来表达，并且基于这些概念进行对象检索，将这种检索方式称为基于概念的检索，例如 OVID、CORE、SCORE 系统等。随着本体（Ontology）理论在知识管理中的应用，基于本体的数据描述与检索方法也成为研究的热点。本体是以文本形式对一个共享概念的形式化规范说明。利用本体的词汇、规则和关系可以描述非结构化数据中各种对象所包含的概念，以及各种概念之间的关系结构，从而形成对数据所包含语义的注释。对于非结构化数据的检索，可以基于这些概念以及注释进行。基于内容的检索是以图像、音频、视频等多媒体数据中所包含的内容信息为索引进行的。这种检索方式以多媒体处理中的模式识别技术为基础，主要方法是抽取多媒体数据的内容特征，如图像的颜色、纹理、形状，以及内容特征之间的空间和时间关系，并以特征向量的形式存储特征。在检索时，计算被查询数据的特征向量与目标数据特征向量之间的相似距离，按相似度匹配进行检索。基于内容的检索中，避免了对大量数据手工建立文本标注的问题。数据模型是非结构化数据管理系统的核心。现有的非结构化数据模型主要有关系模型、扩展关系模型、面向对象模型、E-R 模型以及分层式数据模型等。基于现有关系数据库的研究成果，人们提出用结构化的方法管理非结构化数据，并采用关系模型表达非结构化数据的描述性信息，但是，关系无法表达非结构化数据的复杂结构。扩展关系模型是在关系模型的二维表结构中增加新的字段类型，表达非结构化数据。在多媒体数据库和空间数据库中，多采用面向对象模型。这种模型将具有相同静态结构、动态行为和约束条件的对象抽象为一类，各个类在继承关系下构成网络，整个面向对象的数据模型构成一个有向无环图。面向对象模型能够根据客观世界的本来面貌描述各种对象，能够表达对象间各种复杂的关系。该模型存在的问题是缺乏坚实的理论基础，并且实现复杂。

1. 非结构化数据的描述

在内容上，非结构化数据没有统一的结构，数据以原生态行数据形式保存，因此计算机无法直接理解和处理。为了对不同类型的非结构化数据进行处理，可以对这些非结构化数据进行描述，利用描述性信息来实现对非结构化数据内容的管理和操作。经常采用关键字语义来描述非结构化数据，从图像的底层颜色、纹理和形状特征来描述图像或视频，也可以基于人类对一个复杂的过程或事物的理解的概念语义来描述。

2. 非结构化数据组成

一个非结构化数据可以由基本属性、语义特征、底层特征以及原始数据4个部分构成，而且4个部分的数据之间存在各种联系。

（1）基本属性：所有非结构化数据都具有的一般属性，这些属性不涉及数据的语义，包括名称、类型、创建者和创建时间等。

（2）语义特征：以文字表达的非结构化数据特有的语义属性，包括作者创作意图、数据主题说明、底层特征含义等语义要素。

（3）底层特征：通过各种专用处理技术（如图像、语音、视频等处理技术）获得的非结构化数据特性，例如对图像数据而言，有颜色、纹理、形状等。

（4）原始数据：非结构化数据的原生态文件。

3. 非结构化数据模型举例

（1）四面体模型

基于上述的四部分所提出的四面体模型对非结构化数据进行全面刻画。

（2）基于主体行为的非结构化数据模型

为了满足用户的复杂检索需求，在对用户的行为特性进行分析的基础上，提出了基于主体行为的非结构化数据模型，该数据模型是基于对文件系统中属性使用情况的统计结果，通过优化文件属性、增加用户行为特性属性等方法，形成非结构化数据属性集，进而可以使用数据对象和属性类表示非结构化数据。

主要包括下述内容：

①数据对象。数据对象与文件系统中的文件相对应，数据对象包括数据的属性与属性值，因此可以用<属性，属性值>对来组织文件。

②属性。可以利用属性来描述文件特征，也可以通过属性对文件进行分类，通常将属性分为系统属性和扩展属性两类。

系统属性是指文件系统提供的描述文件信息的属性，例如文件的创建时间、最后修改时间、文件名、路径、权限等。系统属性又称元数据，文件系统通过这些元数据来对文件进行组织，用户可以根据某个或多个元数据的信息对文件系统中的文件进行检索。

系统属性中的属性是为了操作系统更方便管理的通用属性，扩展属性可以更详细地描述各文件的特征信息，但不把元数据固定个数和格式存放在底层的数据结构中。

③<属性，属性值>。<属性，属性值>可以作为一个扩展属性元组来描述文件，比仅使用属性作为关键字描述信息更加灵活和方便，更能准确和清晰反映信息的特征。

④关系。关系实现了属性之间的联系。

(三) 非结构化数据组织

由于数据获取速度高于处理速度，因此获取的数据必须存储以待未来使用，高效率的数据组织方法能够实现在需要时迅速从后台的大数据中获取需要的数据。另外，对数据的理解是一个不断深入的过程，需要保存数据本身和对数据的不断认知，如何保存这些新增的数据成为当前需要解决的问题。

1. 数据组织

Excel 文件、数据库表格等，都是非常规范的二维表，这就是结构化数据。对结构化数据的处理，因为相对简单，不再赘述。结构化数据之外的其他数据，都可以称为非结构化数据。主要包括各类文档数据，比如 txt、doc、pdf、rtf、htm、jpg、mpg、rar、db……

对于非结构化数据，可以通过实施模型构建，进行自然语义的深度挖掘，从中找出地名、人名、手机号码、邮箱号码、交流内容、身份信息等。

非结构化数据组织的一般的做法是：建立一个包含三个字段的表［编号 number，内容描述 varchar（1024）、内容 blob］。引用通过编号，检索通过内容描述。现在还有很多非结构化数据的处理工具，一种常用的工具就是内容管理器。可以采用文件目录树、索引与检索、语义文件系统等方法。

(1) 文件目录树

文件是存储数据的基本单位，数据通常以文件的方式进行存储与管理，对数据的组织与管理也可以看成对文件的组织与管理。目录树是最常用的文件管理结构。目录树通过文件的路径名对文件进行分类管理，其优势是用户通过其对文件内容的理解，来建立路径名，将文件精确地存放到某个路径中，文件的路径名包括了逻辑语义和物理地址的作用，即用户通过文件路径名来进行逻辑管理。通过传统的文件目录树方式来管理大数据时，由于大数据不仅数据规模大，而且非结构化，由此成为两难问题，即用户需要更详细地分类，又无法记住文件详细分类的绝对路径名。因此，文件目录树适用于非结构化的数据组织。

(2) 索引与检索

多数用户无法记住所有数据信息的绝对路径，但是用户可以提供描述所需数据信息的某些特征，用户希望利用这些少量的特征信息来缩小数据文件集，进而更迅速地定位所需要的数据。应用索引与检索使用户仅需要一些简单的操作，就可以迅速找到部分所需的非结构化数据。但是，对于规模大、非结构化的大数据，准确性和易用性都满足不了用户的需要。

（3）语义文件系统

语义文件系统通常使用<分类，值>给文件赋予可检索的映射，分类是文件的属性，可以通过用户输入或者其他方法来获取，例如对全文进行分析，对文件路径的数据提取等。当属性确定之后，用户就可以建立该属性的虚拟文件夹，所有包含该属性的文件都可以链接到这个虚拟文件夹下，如果属性之间具有继承关系，那么虚拟父文件夹可以通过虚拟子文件夹的形式来体现。

2. 大数据组织

（1）大数据组织管理系统的功能

结合语义文件系统和索引机制的特点，对大数据组织管理应该具有以下功能：

①逻辑分类与物理分类。

②利用<属性，属性值>来描述数据的特征。

③不限制<属性，属性值>集，随着用户不断深入认识数据信息，对数据信息的描述也不断丰富。

④根据不同的<属性，属性值>，组织数据，产生新的知识。

⑤根据用户的行为习惯，方便高效地呈现用户所需要的数据。

⑥更加高效的索引及检索机制。

大数据组织与管理的设计需要更合理地、智能地产生<属性，属性值>，并能够体现出用户对信息认识的渐进性。

（2）大数据组织的结构

根据大规模非结构化数据组织的需求，系统可以分为下述 5 个模块：

①属性获取模块。属性获取模块主要完成<属性，属性值>对的生成、修改、删除以及一致性的相关操作。

②属性组织模块。属性组织模块完成对存于系统中的属性组织关联，形成属性关系网。

③THLI 模块。THLI 模块完成生成索引及提供检索的功能。

④逻辑视图模块。逻辑视图模块负责对结果数据集进行分类和产生热点导航。

⑤XML 模块。XML 模块负责对 XML 数据库相关操作。

利用上述 5 个模块，对大规模非结构化数据组织的过程如下所述。

数据文件进入文件系统时，可以对文件进行属性处理，通过系统对文件的属性以及系统原有的属性集进行再组织之后，完成属性索引。用户进行检索时，输入属性和属性值，首先通过 THLI 检索是否存在相关属性，然后在返回的结果集中检索符合属性值的数据集，最终呈现给用户。利用 XML 模块完成对数据模型〈属性，属性值，关系〉的存储。

（四）纯文本抽取通用程序库

抽取数据处理的数据源除关系数据库外，还可能是文件，例如 TXT 文件、Excel 文件、XML 文件等。

DMCTextFilter 是 HYFsoft 开发的纯文本抽出通用程序库，利用它可以从各种文档格式的数据中或从插入的 OLE 对象中完全除掉特殊控制信息，快速抽出纯文本数据信息，便于用户对多种文档数据资源信息进行统一管理、编辑、检索和浏览。

DMCTextFilter 采用先进的多语言、多平台、多线程的设计理念，提供了多种形式的 API 功能接口（文件格式识别函数、文本抽出函数、文件属性抽出函数、页抽出函数、设定 User Password 的 PDF 文件的文本抽出函数等），便于用户使用。用户可以十分便利地将本程序组装到自己的应用程序中，进行二次开发。通过调用本产品提供的 API 功能接口，可以实现从多种文档格式的数据中快速抽出纯文本数据。

1. 文件格式自动识别功能

该功能通过解析文件内部的信息，自动识别生成文件的应用程序名和其版本号，不依赖文件的扩展名，能够正确识别文件格式和相应的版本信息。支持 Microsoft Office、RTF、PDF、Visio、Outlook EML 和 MSG、Lotus 1-2-3、HTML、AutoCAD DXF 和 DWG、IGES、PageMaker、Claris Works、Apple Works、XML、WordPerfect、Mac Write、Works、Corel Presentations、QuarkXpress、DocuWorks、WPS、压缩文件的 LZH/ZIP/RAR 以及 0ASYS 等文件格式。

2. 文本抽出功能

即使系统中没有安装文件的应用程序，该功能也可以从指定的文件或插入文件中的 ole 中抽出文本数据。

3. 文件属性抽出功能

该功能从指定的文件中，抽出文件属性信息。

4. 页抽出功能

该功能从文件中抽出指定页中文本数据。

5. 对加密的 PDF 文件文本抽出功能

该功能从设有打开文档口令密码的 PDF 文件中抽出文本数据。

6. 流抽出功能

该功能从指定的文件或是嵌入文件中的 OLE 对象中向流里抽取文本数据。

7. 支持的语言种类

本产品支持以下语言：英语、中文简体、中文繁体、日本语、韩国语。

四、基于 Hadoop 平台的数据抽取

将存储在关系型数据库中的数据抽取出来之后，存于 HDFS 中。首先将关系型数据库中的数据抽取出来并以中间格式（如 Text File）导入 Hadoop 大数据平台，然后，再将其导入 HDFS 中。

1. 确定有一份大数据量输入。

2. 通过分片之后，变成若干分片（split），每个分片交给一个 map 处理。

3. map 处理完后，tasktracker 把数据进行复制和排序，然后通过输出的 key 和 value 进行 partition 的划分，并把 partition 相同的 map 输出，合并为相同的 reduce 的输入。

4. ruduce 通过处理输出数据，每个相同的 key 一定在一个 reduce 中处理完，每一个 reduce 至少对应一份输出。

为了实现数据仓库数据的高效更新，增量抽取是数据抽取过程中经常使用的方法。本章通过对几种常见的增量抽取机制进行了对比，总结了各种机制的特性并分析了它们的优劣。在 ETL 的设计和实施工作过程中，需要依据项目的实际环境进行综合考虑，才能确定一个最优的增量抽取方法。

第二节　大数据清洗技术

数据清洗是数据预处理的重要部分，主要工作是检查数据的完整性及数据的一致性，对其中的噪声数据进行平滑，对丢失的数据进行填补，对重复数据进行消除等。

一、数据质量与数据清洗

要把繁杂的大数据变成一个完备的高质量数据集，清洗处理过程尤为重要。只有通过清洗数据清洗之后，才能通过分析与挖掘得到可信的、可用于支撑决策的信息。高质量的数据有利于通过数据分析而得到准确的结果。

以往对数据的统计分析给予足够多的关注，但有了高质量的数据之后，统计分析反而简单。统计分析关注数据的共性，利用数据的规律性进行处理，而数据清洗关注数据的个性，针对数据的差异性进行处理。有规律的数据便于统一处理，存在差异的数据难以统一处理，所以，从某种意义上说，数据清洗比统计分析更费时间、更困难。须对现有的数据进行有效的清洗、合理的分析，使之能够满足决策与预测服务的需求。

（一）数据质量

数据是信息的载体，高质量的数据是通过数据分析获得有意义结果的基本条件。数据丰富，信息贫乏的一个原因就是缺乏有效的数据分析技术，而另一个重要原因则是数据质量不高，如数据不完整、数据不一致、数据重复等，导致数据不能有效地被利用。数据质量管理如同产品质量管理一样贯穿数据生命周期的各个阶段，但目前缺乏系统性的考虑。提高数据质量的研究由来已久，涉及统计学、人工智能和数据库等多个领域。

1. 数据质量定义与表述

数据是进行数据分析的最基本资源，高质量的数据是保证完成数据分析的基础。尤其是大数据具有数据量巨大、数据类型繁多和非结构化等特征，为了快速而准确地获得分析结果，提供高质量的大数据尤其重要。数据质量与绩效之间存在直接关联，高质量的数据可以满足需求，有益于获得更大价值。

数据质量评估是数据管理面临的首要问题。目前对数据质量有不同的定义，其中一种定义是数据质量是数据适合使用的程度，另一种定义是数据质量是数据满足特定用户期望的程度。

利用准确性、完整性、一致性和及时性来描述数据质量，通常将其称为数据质量的四要素。

（1）数据的准确性

数据的准确性是数据真实性的描述，即是所存储数据的准确程度的描述。数据不准确的表现形式是多样的，例如字符型数据的乱码现象、异常大或者异常小的数值、不符合有效性要求的数值等。由于发现没有明显异常错误的数据十分困难，所以对数据准确性的监测是一项困难的工作。

（2）数据的完整性

数据的完整性是数据质量最基础的保障，在源数据中，可能由于疏忽、懒惰或为了保密使系统设计人员无法得到某些数据项的数据。假如这个数据项正是知识发现系统所关心的数据，那么对这类不完整的数据就需要填补缺失的数据。缺失数据可分为两类：一类是这个值实际存在但是没有被观测到，另一类是这个值实际上根本就不存在。

（3）数据的一致性

数据的一致性主要包括数据记录规范的一致性和数据逻辑的一致性。

①数据记录规范的一致性。数据记录规范的一致性主要是指数据编码和格式的一致性，例如网站的用户 ID 是 15 位的数字、商品 ID 是 10 位数字，商品包括 20 个类目、IPv4 的地址是用分隔的 4 个 0~255 的数字组成等，都遵循确定的规范，所定义的数据也遵循确定的规范约束。例如，完整性的非空约束、唯一值约束等。这些规范与约束使得数据记录有统一的格式，进而保证了数据记录的一致性。

②数据逻辑的一致性。数据逻辑的一致性主要是指标统计和计算的一致性，例如 PV 和 UV，新用户比例在 0~1 之间等。具有逻辑上不一致性的答案可能以多种形式出现，例如，许多调查对象说自己开车去学校，但又说没有汽车；或者调查对象说自己是某品牌的重度购买者和使用者，但同时又在熟悉程度量表上给了很低的分值。

在数据质量中，保证数据逻辑的一致性比较重要，但也是比较复杂的工作。

（4）数据的及时性

数据从产生到可以检测的时间间隔称为数据的延时时间。虽然分析数据的实时性要求并不是太高，但是，如果数据的延时时间需要两三天，或者每周的数据分析结果需要两周后才能出来，那么分析的结论可能已经失去时效性。如果某些实时分析和决策需要用到延时时间为小时或者分钟级的数据，这时对数据的时效性要求就更高。所以及时性也是衡量数据质量的重要因素之一。

2. 数据质量的提高策略

可以从不同的角度来提高数据质量，下面介绍从问题的发生时间或者提高质量需要的相关知识这两个角度来提高数据质量的策略。

（1）基于数据的整个生命周期的数据质量提高策略

①从预防的角度考虑，在数据生命周期的任何一个阶段，都应有严格的数据规划和约束来防止脏数据的产生。

②从事后诊断的角度考虑，由于数据的演化或集成，脏数据逐渐涌现，需要应用特定的算法检测出现的脏数据。

（2）基于相关知识的数据质量提高策略

①提高策略与特定业务规则无关，例如数据拼写错误、某些缺失值处理等，这类问题的解决与特定的业务规则无关，可以从数据本身中寻找特征来解决。

②提高策略与特定业务规则相关，相关的领域知识是消除数据逻辑错误的必需条件。

由于数据质量问题涉及多方面，成功的数据质量提高方案必然综合应用上述各种策略。目前，数据质量的研究主要围绕数据质量的评估和监控，以及从技术的角度保证和提高数据质量。

3. 数据质量评估

数据质量评估和监控是解决数据质量问题的基本问题。尽管对数据质量的定义不同，但一般认为数据质量是一个层次分类的概念，每个质量类都分解成具体的数据质量维度。数据质量评估的核心是具体地评估各个维度，数据质量评估的 12 个维度如下：

（1）数据规范

数据规范是对数据标准、数据模型、业务规则、元数据和参考数据进行有关存在性、完整性、质量及归档的测量标准。

（2）数据完整性

数据完整性是对数据进行存在性、有效性、结构、内容及其他基本数据特征的测量标准。

（3）重复性

重复性是对存在于系统内或系统间的特定字段、记录或数据集重复的测量标准。

（4）准确性

准确性是对数据内容正确性进行测量的标准。

（5）一致性和同步性

一致性和同步性是对各种不同的数据仓库、应用和系统中所存储或使用的信息等价程度的测量，以及使数据等价处理流程的测量标准。

（6）及时性和可用性

及时性和可用性是在预期时段内数据对特定应用的及时程度和可用程度的测量标准。

（7）易用性和可维护性

易用性和可维护性是对数据可被访问和使用的程度以及数据能被更新、维护和管理程度的测量标准。

（8）数据覆盖性

数据覆盖性是对数据总体或全体相关对象数据的可用性和全面性的测量标准。

（9）质量表达性

质量表达性是进行有效信息表达以及如何从用户中收集信息的测量标准。

（10）可理解性、相关性和可信度

可理解性、相关性和可信度是数据质量的可理解性和数据质量中执行度的测量标准，以及对业务所需数据的重要性、实用性及相关性的测量标准。

（11）数据衰变性

数据衰变性是对数据负面变化率的测量标准。

（12）效用性

效用性是数据产生期望业务交易或结果程度的测量标准。

在评估一个具体项目的数据质量时，首先需要先选取几个合适的数据质量维度，再针对每个所选维度，制订评估方案，选择合适的评估手段进行测量，最后合并和分析所有质量评估结果。

（二）数据质量提高技术

数据质量提高技术可以分为实例层和模式层两个层次。在数据库领域，关于模式层的应用较多，而在数据质量提高技术的角度主要关注根据已有的数据实例重新设计和改进模式的方法，即主要关注数据实例层的问题。数据清洗是数据质量提高技术的主要技术，数据清洗的目的是消除脏数据，进而提高数据的可利用性，主要消除异常数据、清除重复数据、保证数据的完整性等。数据清洗的过程是指通过分析脏数据产生的原因和存在形式，构建数据清洗的模型和算法来完成对脏数据的清除，进而实现将不符合要求的数据转化成满足数据应用要求的数据，为数据分析与建模打下基础。

基于数据源数量的考虑，将数据质量问题可分为单数据源的数据质量问题和多数据源的数据质量问题，并进一步分为模式和实例两个方面。

1. 单数据源的数据质量

单数据源的数据质量问题可以分为模式层和实例层两类问题。

（1）模式层

一个数据源的数据质量取决于控制这些数据的模式设计和完整性约束。例如，文件就是由于对数据的输入和保存没有约束，进而可能造成错误和不一致。因此，出现模式相关的数据质量问题是因为缺乏合适的特定数据模型和特定的完整性约束。

（2）实例层

与特定实例问题相关的错误和不一致错误（例如拼写错误）不能在模式层得到预防。不唯一的模式层约束不能够防止重复的实例，例如同一现实实体的记录能够以不同的字段值输入两次。

（3）四种不同的问题

无论模式层的问题，还是实例层问题，都可以分成字段、记录、记录类型和数据源四种不同的问题。

①字段：错误仅局限于单个字段值中。

②记录：错误表现在同一个记录中不同字段值之间出现的不一致。

③记录类型：错误表现在同一个数据源中不同记录之间出现的不一致。

④数据源：错误表现在同一个数据源中的某些字段和其他数据源中相关值出现的不一致。

2. 多数据源的质量问题

在多个数据源情况下，上述问题表现更为严重，这是因为每个数据源都是为了特定的应用而单独开发、部署和维护，进而导致数据管理、数据模型、模式设计和产生的实际数据的不同。每个数据源都可能包含脏数据，而且多个数据源中的数据可能出现不同的表示、重复和冲突等。

（1）模式层

在模式层，模式设计的主要问题是命名冲突和结构冲突。

①命名冲突。命名冲突主要表现为不同的对象使用同一个命名和同一对象可能使用多个命名。

②结构冲突。结构冲突存在许多不同的情况，一般是指不同数据源中同一对象有不同的表示，如不同的组成结构、不同的数据类型、不同的完整性约束等。

（2）实例层

除了模式层冲突，也出现了许多实例层冲突，即数据冲突。

①由于不同的数据源中的数据表示可能不同，单数据源中的问题在多数据源中都可能出现，例如重复记录、冲突的记录等。

②在整个的数据源中，尽管有时不同的数据源中有相同的字段名和类型，但仍可能存在不同的数值表示，例如对性别的描述，数据源 A 中可能用 0/1 来描述，数据源 B 中可能用 F/M 来描述；或者对一些数值的不同表示，例如数据源 A 采用美元作为度量单位，而数据源 B 采用欧元作为度量单位。

③不同数据源中的信息可能表示在不同的聚集级别上，例如一个数据源中信息可能指的是每种产品的销售量，而另一个数据源中信息可能指的是每组产品的销售量。

3. 实例层数据清洗

数据清洗主要研究如何检测并消除脏数据，以提高数据质量。数据清洗的研究主要是从数据实例层的角度考虑来提高数据质量。

数据清洗是利用有关技术，如数理统计、数据挖掘或预定义的清理规则将脏数据转化为满足数据质量要求的数据。

（三）数据清洗算法的标准

数据清洗是一项与各领域密切相关的工作，由于各领域的数据质量不一致、充满复杂性，所以还没有形成通用的国际标准，只能根据不同的领域制定不同的清洗算法。数据清洗算法的衡量标准主要包含下述几方面：

1. 返回率

返回率是指重复数据被正确识别的百分率。

2. 错误返回率

错误返回率是指错误数据占总数据记录的百分比。

3. 精确度

精确度是指算法识别出的重复记录中的正确的重复记录所占的百分比，计算方法如下：

$$精确度 = 100\% - 错误返回率$$

（四）数据清洗的过程与模型

1. 数据清洗的基本过程

S1：数据分析。在数据清洗之前，对数据进行分析，对数据的质量问题有更为详细的了解，从而更好地选取方法来设计清洗方案。

S2：定义清洗规则。通过数据分析，掌握了数据质量的信息后，针对各类问题制定清洗规则，如对缺失数据进行填补策略选择。

S3：规则验证。检验清洗规则的效率和准确性。在数据源中随机选取一定数量的样本进行验证。

S4：清洗验证。当不满足清洗要求时要对清洗规则进行调整和改进。真正的数据清洗过程中需要多次迭代地进行分析、设计和验证，直到获得满意的清洗规则。它们的质量决定了数据清洗的效率和质量。

S5：清洗数据中存在的错误。执行清洗方案，对数据源中的各类问题进行清洗操作。

S6：干净数据的回流。执行清洗方案后，将清洗后符合要求的数据回流到数据源中。

2. 数据清洗的主要模型

数据清洗的主要模型有：基于聚类模式的数据清洗模型、基于粗糙集理论数据清洗模型、基于模糊匹配数据清洗模型、基于遗传神经网络数据清洗模型和基于专家系统的数据清洗模型等。虽然利用这些模型可以完成不同程度的数据清洗，但是都存在一些不足。例如，聚类模式的数据清洗模型直接检测异常数据作用不显著，而且耗时，不适于在记录条数多时检测异常数据。

（1）在运用聚类算法的基础之上，使用给予模式的方法，即每个字段使用欧式距离，类别人 Mean 算法，仅检测到较少数的记录（30%）满足超过90%字段的模式。

（2）经典的关联规则难以发现异常，但数量型关联规则、序数规则能够较好地检测异常与错误。

二、不完整数据清洗

不完整数据清洗是指对缺失值的填补。准确填补缺失值与填补算法密切相关，在这里，介绍常用的不完整数据的清洗方法。

（一）删除对象方法

如果在信息表中含有缺失信息属性值的对象〈元组，记录〉，那么将缺失信息属性值的对象〈元组，记录〉删除，从而得到一个不含有缺失值的完备信息表。这种方法虽然简单易行，但只在被删除的含有缺失值的对象与信息表中的总数据量相比非常小的情况下有效。这种方法是以减少历史数据来换取信息的完备，导致了资源的大量浪费，丢弃了大量隐藏在这些对象中的信息。在信息表中的对象很少的情况下，删除少量对象将严重影响到信息表信息的客观性和结果的正确性。当每个属性空值的百分比变化很大时，它的性能非常差。因此，当缺失数据所占比例较大，特别当缺失数据非随机分布时，这种方法可能导致数据发生偏离，从而引出错误的数据分析与挖掘结论。

（二）数据补齐方法

数据补齐方法是用某值去填充空缺值，从而获得完整数据的方法。通常基于统计学原理，根据决策表中其余对象取值的分布情况来对一个缺失值进行填充，例如用其余属性的平均值或中位值等来进行填充。缺失值填充方法主要分有单一填补法和多重填补法，其中单一填补法是指对缺失值，构造单一替代值来填补，常用的方法有取平均值或中间数填补法、回归填补法、最大期望填补法、近补齐填补等方法，采用了与有缺失的观测最相似的

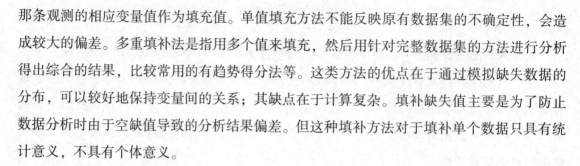

那条观测的相应变量值作为填充值。单值填充方法不能反映原有数据集的不确定性，会造成较大的偏差。多重填补法是指用多个值来填充，然后用针对完整数据集的方法进行分析得出综合的结果，比较常用的有趋势得分法等。这类方法的优点在于通过模拟缺失数据的分布，可以较好地保持变量间的关系；其缺点在于计算复杂。填补缺失值主要是为了防止数据分析时由于空缺值导致的分析结果偏差。但这种填补方法对于填补单个数据只具有统计意义，不具有个体意义。

1. 特殊值填充

特殊值填充是将空值作为一种特殊的属性值来处理，它不同于其他任何属性值。例如所有的空值都用未知填充。这可能导致严重的数据偏离，一般不使用。

2. 平均值填充

平均值填充将信息表中的属性分为数值属性和非数值属性来分别进行处理。如果空值是数值型的，就根据该属性在其他所有对象的取值的平均值或中位数来填充该缺失的属性值；如果空值是非数值型的，就根据统计学中的众数原理（众数是一组数据中出现次数最多的数值），用该属性在其他所有对象的取值次数最多的值（出现频率最高的值）来补齐该缺失的属性值。另外有一种与其相似的方法叫条件平均值填充法。在该方法中，缺失属性值的补齐同样是靠该属性在其他对象中的取值求平均得到，但不同的是用于求平均的值并不是从信息表所有对象中取得，而是从与该对象具有相同决策属性值的对象中取得。这两种数据的补齐方法基本出发点都是一样的，以最大概率可能的取值来补充缺失的属性值，只是在具体方法上有一点不同。与其他方法相比，平均值填充是用现存数据的多数信息来推测缺失值。

3. 就近补齐

就近补齐对于一个包含空值的对象，在完整数据中找到一个与它最相似的对象，然后用这个相似对象的值来进行填充。不同的问题可能选用不同的标准来对相似进行判定。该方法简单，利用了数据间的关系来进行空值估计；其缺点是难以定义相似标准，主观因素较多。

4. K 最近距离邻法填充

K 最近距离邻法填充首先是根据欧式距离或相关分析来确定距离具有缺失数据样本最近的 K 个样本，将这 K 个值加权平均来估计该样本的缺失数据。这种方法与均值插补的方法一样，都属于单值插补，不同的是它用层次聚类模型预测缺失变量的类型，再以该类型的均值插补。

5. 回归法

基于完整的数据集来建立回归模型。对于包含空值的对象，将已知属性值代入方程来估计未知属性值，以此估计值来进行填充。当变量不是线性相关或预测变量高度相关时会导致有偏差的估计。

回归法使用所有被选入的连续变量为自变量，存在缺失值的变量为因变量建立回归方程，使用此方程对因变量相应的缺失值进行填充，具体的填充数值为回归预测值加上任意一个回归残差，以使它更接近实际情况。当数据缺失比较少，缺失机制比较明确时可以选用这种方法。

三、异常数据清洗

当出现个别数据值偏离预期值或大量统计数据值结果的情况时，如果将这些数据值和正常数据值放在一起进行统计，可能会影响实验结果的正确性；如果将这些数据简单地删除，又可能忽略了重要的实验信息。数据中的异常值的存在十分危险，对后面的数据分析危害巨大，应该重视异常数据的检测，并分析其产生的原因之后，做适当的处理。

(一) 异常值产生的原因

1. 异常值产生的原因

(1) 数据来源于不同的类：某个数据对象可能不同于其他数据对象（出现异常值），又称离群点，它属于一个不同的类型或类。离群点定义为一个观测值，它与其他观测值的差别如此之大，以至于怀疑它是由不同的机制产生的。

(2) 自然变异：许多数据集可以用一个统计分布建模，如正态（高斯）分布建模，其中数据对象的概率随对象到分布中心距离的增加而急剧减少。换言之，大部分数据对象靠近中心（平均对象），数据对象显著地不同于这个平均对象的似然性很小。

(3) 数据测量和收集误差：数据收集和测量过程中的误差是另一个异常源。剔除这类异常是数据预处理的关注点。

2. 异常检测方法分类

(1) 基于模型的技术：许多异常检测技术首先建立一个数据模型。异常是那些同模型不能完美拟合的对象。

(2) 基于邻近度的技术：通常可以在对象之间定义邻近性度量，并且许多异常检测方法都基于邻近度。异常对象是那些远离大部分其他对象的对象，这一邻域的许多技术都基于距离，称作基于距离的离群点检测技术。

（3）基于密度的技术：对象的密度估计可以相对直接地计算，特别是当对象之间存在邻近度度量时。在密度区域中的对象相对远离近邻，可能被看作异常。

（二）统计学方法

统计学方法是基于模型的方法，即为数据创建一个模型，并且根据对象拟合模型的情况来评价所建立的模型。离群点检测的统计学方法是基于构建一个概率分布模型，并考虑对象有多大可能符合该模型。统计判别法是给定一个置信概率，并确定一个置信限，凡超过此限的误差，就认为它不属于随机误差范围，将其视为异常值剔除。

首先假设一组检测数据只含有随机误差，对其进行计算处理得到标准偏差，按一定概率确定一个区间，凡超过这个区间的误差，就不属于随机误差而是粗大误差，含有粗大误差的数据应予以删除。

正态曲线是一条中央高，两侧逐渐下降、低平，两端无限延伸，与横轴相靠而不相交，左右完全对称的钟形曲线。正态分布是指靠近均数分布的频数最多，离开均数越远，分布的数据越少，左右两侧基本对称。

（三）基于邻近度的离群点检测

一般情况下，利用数据分布特征或业务理解来识别单维数据集中的异常数据快捷有效，但对于聚合程度高、彼此相关的多维数据，通过数据分布特征或业务理解来识别异常数据的方法便显得无能为力。面对这种情况，聚类方法是识别多维数据集中的异常数据的有效方法。很多情况下，基于整个记录空间聚类，能够发现在字段级检查未被发现的孤立点。聚类就是将数据集分组为多个类或簇，在同一个簇中的数据对象（记录）之间具有较高的相似度，而不同簇中的对象的差别就比较大。将散落在外、不能归并到任何一类中的数据称为孤立点或奇异点。对于孤立或是奇异的异常数据值进行剔除处理。

第三节 大数据去噪技术

在数据预处理过程中，解预处理数据，也就是说，如果处理不当，将严重扭曲数据本身的内涵，改变数据原本形态。例如，本来是第一组均数大于第二组，但是经过不恰当转换，可能会使二组数据无差别，甚至得到相反的结果。所以，不能用过于复杂的转换方法。但是，许多情况下如果转换得当，则不失为一种好的方法。

一、基本的数据转换方法

（一）对数转换

将原始数据的自然对数值作为分析数据，如果原始数据中有零，可以在底数中加上一个小数值。这种转换适用如下情况：

1. 部分正偏态数据

在统计学上，众数和平均数之差可作为分配偏态的指标之一。偏态（或者偏度）就是次数分布的非对称程度，是测定一个次数分布的非对称程度的统计指标。相对于对称分布，偏态分布有两种：一种是左向偏态分布，简称左偏；另一种是右向偏态分布，简称右偏。

当实际分布为右偏时，测定出的偏度值为正值，因而右偏又称正偏。

当实际分布为左偏时，测定出的偏度值为负值，所以左偏又称负偏。

如平均数大于众数，称为正偏态；相反，则称为负偏态。

代数式的次数单项式中，字母的指数和叫作这个单项式的次数。如单项式的次数是 3。多项式中，次数最高的项的次数叫作这个多项式的次数，^3-xV 次数是 7。不含字母的项叫常数项，次数为 0。

2. 等比数据

等比数据可以进行加减乘除运算，可以用乘除法处理数据，以便对不同个体的测量结果进行比较，并做比率性描述。

3. 各组数值和均值比值相差不大的数据

对数转换适于各组数值和均值之比差距较小的数据。

（二）平方根转换

平方根转换适用于泊松分布的数据、轻度偏态数据、样本的方差和均数呈正相关的数据、变量的所有个案为百分数并且取值为 0%~20% 或者 80%~100% 的数据。

其中，泊松分布是一种统计与概率学中常用的离散概率分布，在管理科学、运筹学以及自然科学的某些问题中都占有重要的地位。

（三）平方转换

平方转换适用方差和均数的平方呈反比、数据呈左偏的场景。

（四）倒数变换

倒数变换适用情况：与平方转换相反，需要方差和均数的平方呈正比，但是，倒数转换需要数据中没有接近或者小于零的数据。

二、数据平滑技术

噪声是指测量数据中的随机错误和偏差，通过数据平滑技术可以除去噪声。

数据平滑是数据转换的重要方式之一。通常将完成数据平滑的方法称为数据平滑法，又称数据光滑法或数据递推修正法。

数据平滑法的处理过程是将获得的实际数据和原始预测数据加权平均，进而去掉数据中的噪声，使得预测结果更接近于真实情况。数据平滑法是趋势法或时间序列法的一种具体应用，平滑方法主要分为移动平均法和指数平滑法两种。

（一）移动平均法

移动平均法是预测将来某一时期的平均预测值的一种方法。该方法按对过去若干历史数据求算术平均数，并把该数据作为以后时期的预测值。移动平均法分一次移动平均法、二次移动平均法和多次移动平均法，这里仅介绍一次移动平均法和二次移动平均法。

1. 一次移动平均法

（1）一次移动平均法的计算过程

一次移动平均法是针对一组观察数据，计算其平均值，并利用这一平均值作为下一期的预测值。时间序列的数据是按照一定跨越期进行移动，逐个计算其移动平均值，将获得的最后一个移动平均值作为预测值。

一次移动平均法是直接以本期移动平均值作为下期预测值的方法。在移动平均值的计算过程中，必须一开始就需要明确规定观察值的实际个数。每出现一个新观察值，就要从移动平均中减去一个最早观察值，再加上一个最新观察值来计算移动平均值，这一新的移动平均值作为下一期的预测值。

一次移动平均法一般适用于时间序列数据是水平型变动的预测，不适用于明显的长期变动趋势和循环型变动趋势的时间序列预测。

（2）一次移动平均法的特点

预测值是距离预测期最近的一组历史数据（实际值）平均的结果。

参加平均的历史数据的个数（跨越期数）固定不变。

参加平均的一组历史数据随着预测期的向前推进而不断更新，每当吸收一个新的历史数据参加平均时，就剔除原来一组历史数据中距离预测期最远的那个历史数据。

（3）一次移动平均法的优点

计算量少。

移动平均线能较好地反映时间序列的趋势及其变化。

（4）一次移动平均法的两种极端情况

在移动平均值的计算中，过去观察值的实际个数为1，即 $n=1$，这时用最新的观察值作为下一期的预测值。

过去观察值的实际个数为这时利用全部 n 个观察值的算术平均值作为预测值。

当数据的随机因素较大时，可以选用较大的 n，这样可以较大地平滑由随机性所带来的严重偏差；反之，当数据的随机因素较小时，可以选用较小的 n，这样有利于跟踪数据的变化，并且预测值滞后的期数也少。

（5）一次移动平均法的限制

计算移动平均必须具有 n 个过去观察值，当需要预测大量的数值时，就必须存储大量数据。

n 个过去观察值中每一个权数都相等，而早于期的观察值的权数等于0，实际上最新观察值通常包含更多信息，应具有更大权重。

2．二次移动平均法

一次移动平均法仅适用于没有明显的迅速上升或下降趋势的情况。如果时间数列呈直线上升或下降趋势，则需要使用二次移动平均法。二次移动平均法就是在一次移动平均的基础上再进行一次移动平均。

二次移动平均法是以历史数据为基础，按时间顺序分段反映后期的变化趋势。其优点是重二次移动平均视商品因不同销售周期变化而销售产生变化的趋势；其劣势是忽视了因价格、气候、季节变化等对销售的影响。

（二）指数平滑法

指数平滑法是生产预测中常用的一种方法，也用于中短期经济发展趋势预测，由布朗（Robert G. Brown）提出。布朗认为时间序列的态势具有稳定性或规则性，所以时间序列可被合理地顺势推延；他认为最近的过去态势，在某种程度上会持续到未来，所以将最近的数据赋予较大的权数。

1. 指数趋势分析

指数趋势分析的具体方法是：在分析连续几年的报表时，以其中一年的数据为基期数据（通常是以最早的年份为基期），将基期的数据值定为100，其他各年的数据转换为基期数据的百分数，然后比较分析相对数的大小，得出有关项目的趋势。

当使用指数时，要注意由指数得到的百分比的变化趋势都是以基期为参考，是相对数的比较，这样就可以观察多个期间数值的变化，得出一段时间内数值变化的趋势。这个方法不但适用于用过去的趋势推测将来的数值，还可以观察数值变化的幅度，找出重要的变化，为下一步的分析指明方向。

指数平滑法是生产预测中经常使用的一种方法，适用于中短期发展趋势预测。简单的全期平均法是对时间数列的过去数据全部加以同等利用，移动平均法则不考虑较远期的数据，并在加权移动平均法中给予近期数据更大的权重，而指数平滑法则兼容了全期平均和移动平均所长，不舍弃过去的数据，但是仅给予逐渐减弱的影响程度，即随着数据的远离，赋予逐渐收敛为零的权数。

指数平滑法是在移动平均法基础上发展起来的一种时间序列分析预测法，通过计算指数平滑值，配合一定的时间序列预测模型对现象的未来进行预测。其原理是任一期的指数平滑值都是本期实际观察值与前一期指数平滑值的加权平均。

2. 模型选择

指数平滑法的预测模型为：初始值的确定，即第一期的预测值。一般原数列的项数较多时（大于15项），可以选用第一期的观察值或选用比第一期还前一期的观察值作为初始值。如果原数列的项数较少时（小于15项），可以选取最初几期（一般为前三期）的平均数作为初始值。指数平滑方法的选用，一般可根据原数列散点图显现的趋势来确定。如果是直线趋势，则选用二次指数平滑法；如果是抛物线趋势，则选用三次指数平滑法。如果时间序列的数据经二次指数平滑处理后仍有曲率，则应用三次指数平滑法。

3. 系数 α 的确定

指数平滑法的计算中，关键是 α 的取值大小，但 α 的取值又容易受主观影响，因此合理确定 α 的取值方法十分重要。一般来说，如果数据波动较大，α 值应取大一些，可以增加近期数据对预测结果的影响；如果数据波动平稳，α 值应取小一些。理论界一般认为可用经验判断法来做出判断。这种方法主要依赖时间序列的发展趋势和预测者的经验做出判断。

（1）当时间序列呈现较稳定的水平趋势时，应选较小的 α 值，一般可在 0.05～0.20 之间取值。

（2）当时间序列有波动，但长期趋势变化不大时，可选稍大的 α 值，常在 0.1～0.4 之间取值。

（3）当时间序列波动很大，长期趋势变化幅度较大，呈现明显且迅速的上升或下降趋势时，宜选择较大的 α 值，如可在 0.6～0.8 间选值，以使预测模型灵敏度高些，能迅速跟上数据的变化。

（4）当时间序列数据是上升或下降的趋势时，α 应取较大的值，在 0.6～1 之间。

根据具体时间序列情况，参照经验判断法，来大致确定额定的取值范围，然后取几个 α 值进行试算，比较不同 α 值下的预测标准误差，选取预测标准误差最小的 α。

在实际应用中预测者应结合对预测对象的变化规律做出定性判断且计算预测误差，并要考虑到预测灵敏度和预测精度是相互矛盾的，必须给予二者一定的考虑，采用折中的 α 值。

三、数据规范化

规范化的作用是指对重复性事物和概念，通过规范、规程和制度等达到统一，以获得最佳秩序和效益。在数据分析中，度量单位的选择将影响数据分析的结果。例如，将长度的度量单位从米变成英寸，将质量的度量单位从千克改成磅，可能会有完全不同的结果。使用较小的单位表示属性将会有该属性具有较大值域，因此会有这样的属性具有较大的影响或较高的权重。为了避免对度量单位选择的依赖性与相关性，应该将数据规范化或标准化。通过数据转换，使之落入较小的区间，如 [-1，1] 或 [0.0，1.0] 等。规范化数据能够对于所有属性具有相等的权重。

数据规范化可将原来的度量值转换为无量纲的值。通过将属性数据按比例缩放，将一个函数给定属性的整个值域映射到一个新的值域中，即每个旧的值都被一个新的值替代。更准确地说，将属性数据按比例缩放，使之落入一个较小的特定区域，就可实现属性规范化。例如，将数据-3，35，200，79，62 转换为 0.03，0.35，2.00，0.79，0.62。对于分类算法，规范化作用巨大，有助于加快学习速度。对于基于举例的方法，规范化可以防止具有较大初始值域的属性与具有较小初始值域的属性相比较的权重过大。

四、数据泛化处理

数据泛化处理就是用更抽象（更高层次）的概念来取代低层次或数据层的数据对象。

例如，街道属性，就可以泛化到更高层次的概念，如城市、国家。同样对于数值型的属性，如年龄属性，就可以映射到更高层次的概念，如年轻、中年和老年。

将具体的、个别的扩大为一般的过程就是泛化的过程。如果从刺激与反应论角度出发，当某一反应与某种刺激形成条件联系后，这一反应也将与其他类似的刺激形成某种程度的条件联系，将这一过程称为泛化。细分强调的是目标人群的聚焦和集中，细分要求的是准确集中。

数据泛化过程即概念分层，将低层次的数据抽象到更高一级的概念层次中。数据泛化是一个从相对低层概念到更高层概念，且对与任务相关的大量数据进行抽象的一个分析过程。

数据特化是简化式进化，或称退化，是指由结构复杂变为结构简单的进化。

数据和对象在原始的概念层包含有详细的信息，经常需要将数据的集合进行概括与抽象并在较高的概念层展示，即对数据进行概括和综合，归纳出高层次的模式或特征。归纳法一般需要背景知识，概念层次可由专家提供，或借助数据分析自动生成。空间数据库中可以定义非空间概念层和空间概念层两种类型的概念层次。空间层次是可以显示地理区域之间关系的概念层次。当空间数据归纳之后，非空间属性必须适当调整，以反映新的空间区域所联系的非空间数据。当非空间数据归纳之后，空间数据必须适当地更改。使用这两种类型的层次，空间数据的归纳可以被分为两种子类，即空间数据支配泛化和非空间数据支配泛化。这两种子类泛化可以看作一种聚类。空间数据支配泛化是基于空间位置的聚类，即所有靠近的实体被分在一组中；非空间数据支配泛化根据非空间属性值的相似性聚类。由于归纳步骤是基于属性值的，所以这些方法被称为面向属性的归纳。

（一）空间数据支配泛化算法

空间数据是指与二维、三维或高维空间的空间坐标及空间范围相关的数据，例如地图上的经纬度、湖泊、城市等都是空间数据。在空间数据支配泛化算法中，首先对空间数据进行归纳，然后对相关的非空间属性做相应的更改，归纳进行至区域的数量达到设定阈值为止。

（二）非空间数据支配泛化方法

对非空间属性值进行归纳，这种归纳对数据进行分组。将邻近区域的相同的非空间数据归纳值进行合并。假如只简单地返回表示西北部聚类的值，而并不是平均降雨量的数值，可用多、中等、少量这样的值来描述降雨量。

算法首先对非空间属性做面向属性的归纳，将其泛化至更高的概念层次。然后，将具有相同的泛化属性值的相邻区域合并在一起，可用邻近方法忽略具有不同非空间描述的小区域。查询的结果生成包含少量区域的地图，这些区域共享同一层次的非空间描述。

（三）统计信息网格方法

该方法是一个查询无关方法，每个结点存储数据的统计信息，可处理大量的查询。算法采用增量修改，避免数据更新造成所有单元重新计算，而且易于并行化。

统计信息网格方法使用了一种类似四权树的分层技术，把空间区域分成矩形单元。对空间数据库扫描一次，可以找到每个单元的统计参数（平均数、变化性、分布类型）。网格结构中的每个结点概括了该网格中所含内部属性的信息。通过获取这些信息，很多数据挖掘请求（包括聚类）都可以通过检验单元统计得到响应。同时，捕获这些统计信息之后，不需要扫描整体的数据库。这样，当有多个数据挖掘请求访问数据时会提高效率。与归纳和逐步求精技术不同，该方法不用提供预定义的概念层次。

本方法可以看作一种层次聚类技术。它的基础工作是建立一个分层表示（有点像树状图），它把空间分割成区域。层级的顶层的组成就是整体空间。最底层是代表每个最小单元的叶子结点。如果使一个单元在下一层中拥有 4 个子单元（网格），那么单元的分割与四权树中是一样的。但是就一般而言，这个方法对所有空间的层次分解都适用。

第八章 大数据可视化技术

第一节 概述

当今社会正处于一个信息爆炸的时代，随着信息化技术的发展，企业内部产生了海量的统计数据。这些数据大多以表格的形式存放在数据库内，既枯燥又难于理解。如何才能有效地展示这些数据来帮助用户理解数据并发现潜在的规律，是亟待解决的问题。数据可视化能够将抽象的数据表示成可见的图形或图像，显示数据之间的关联，有效解释数据的变化趋势，从而为理解那些大量复杂的抽象数据信息和企业决策提供帮助。

数据可视化是大数据展现的主流趋势，虽然国内的数据可视化还处于起步阶段，但是很多公司已经在做一些相关的开发和应用。如淘宝的数据可视化产品、Google 的可视化搜索，还有一些其他的数据公司也在关注数据可视化技术，并对外提供可视化服务，如 IBM 的 Many Eyes、Visually 的数据可视化服务平台等。

数据可视化是对大型数据库或数据仓库中的数据的可视化，它是可视化技术在非空间数据领域的应用，使人们不再局限于通过关系数据表示、观察和分析数据信息，能够以更直观的方式查看数据及其结构关系。数据可视化技术凭借计算机的巨大处理能力、计算机图像和图形学基本算法以及可视化算法，把海量的数据转换为静态或动态图像/图形呈现在人们的面前，并允许通过交互手段控制数据的抽取和画面的显示，使隐含在数据之中的不可见现象成为可见，为人们分析数据、理解数据、形成概念、找出规律提供了强有力的手段。

广义的数据可视化包括了科学可视化和信息可视化，两者的区别在于：科学可视化的研究对象主要是具有几何属性的科学数据，而信息可视化则主要应用于没有几何属性的抽象信息，并解释信息之间的关系和信息中隐藏的特征。通常也会使用狭义的数据可视化指代信息可视化的含义，本章提到的数据可视化均为信息可视化。

第二节 数据模型与可视化展现形式

在数据可视化的处理流程中，从数据获取到数据分析、过滤和挖掘，这一系列的操作都是为数据的最后表述做准备。数据的表述在可视化处理流程中占据了重要的地位，是联系数据与用户的关键纽带。根据数据模型和可视化目的选择一个合适的视觉模型进行数据的展现，直接关系到最终的可视化展现效果。

一、基本数据可视化展现方式

基本数据可视化展现方式包括尺寸、色彩、位置、网络和时间。每种可视化展现方式都代表着一个可视化维度，不同的数据以不同的维度展示。在可视化的实际应用中，通常会根据要展示的数据特征及结构选择应用一种或多种可视化展现方式。在大多数应用场景中，会同时应用到尺寸、色彩、时间这几种最常用的基本可视化展现形式。

二、数据模型与常见可视化展现形式

常见的可视化展示数据模型，根据数据结构和特点可以分为关系型数据模型、比较型数据模型、随时间变化型数据模型、整体与部分数据模型、地理分布数据模型和文本分析数据模型六大类。使用基本展现方式的常见可视化展现形式有地图、网络图、树图、气泡图、散点图、矩阵图、条形图、饼图、直方图、线形图、堆栈图、标签云等。下面针对不同的数据模型与可视化展现形式之间的关系进行分析、总结，并归纳通用的可视化展现框架。

1. 数据之间关系展示

关系型数据模型强调数据之间关系的展示，针对这一特点，可以利用以下三种可视化图形：散点图、矩阵图、网络图。

（1）散点图

散点图以一个变量为横坐标，以另一变量为纵坐标，利用散点（坐标点）的分布形态反映变量的统计关系。其特点是能直观表现出影响因素和预测对象之间的总体关系趋势。散点图不仅可传递变量间关系类型的信息，还能反映变量间关系的明确程度。

第一，数据特征。一般最少有两个数据属性（对应 x 轴和 y 轴），散点图将 x 轴和 y 轴对应的数值合并到单一数据点，并以不均匀间隔或簇显示。散点图展示的数据结构中可以包含负数，通过散点圆圈使用不同的颜色显示。如红色的圆圈代表负数，蓝色的圆圈代表正数。

第二，应用场景。散点图是一个经典的统计图形，可以显示数据之间的关系。例如，有一个关于城市的数据表，可以利用散点图显示人口与犯罪水平之间的关系。散点图有时也可以用来比较数值，如在不考虑时间的情况下比较大量数据点时，可以使用散点图。一般情况下，散点图以圆圈显示数据点。如果在散点图中有多个序列，可以考虑将每个点的标记形状更改为方形、三角形、菱形或其他形状。

第三，展示及交互。

①展示。数据表里的每一行通过圆点表现，横坐标上的每个点与表里的每一列一致，纵坐标与表里的不同列相对应，圆点的大小也能反映出其他的列（元素）。在散点图中还可以标示出散点尺寸比例值，以便使用者对散点图中各圆圈尺寸有直观的数值概念。

②交互。鼠标移动到对应点的标签显示内容、散点圆圈对应的尺寸大小、X 轴和 Y 轴所代表的标签项都可以通过下拉框进行选择，当选择不同的含义时，散点图可以动态显示图形。

（2）矩阵图

矩阵图从多维数据中找出成对的数据关系，分别排成行和列，展示行与列之间的相关性和相关程度的大小。矩阵图的图形元素有两种方法可选择：条形和气泡。

第一，数据特征。矩阵图展示最少有两个文本列构成的表结构，如果有第三个文本列，则要使用颜色展示。如果没有数值列，气泡和栏可以简单地展示每个类组合的总数。

第二，应用场景。矩阵图适合在同一个区域内展示多维数据集。在不同的情况下，条形矩阵图和气泡矩阵图都很有用。条形矩阵图通过高度展示数值，适合精确比较时展现，能够给更多的列提供展示空间。气泡矩阵图通过圆圈尺寸展示数值，适合展示变化较大的非负数值，能够给更多的行提供展示空间。

第三，展示及交互。

①展示。矩阵图将屏幕划分成一个个的网格，行表示一个文本列的值，不同的列表示不同的文本列，每个单元格里的条形或气泡代表一个值（由行和列的组合确定）。通过气泡尺寸的大小或条形的高度可以展示同一行或同一列内数据的比较信息。增加多种颜色的使用可以展示数据更多维度的信息。当选择使用不同颜色表示各个列的时候，气泡将变成微型的饼图，条形也将变成微型的条形图。

②交互。鼠标悬浮在气泡或条形的上方展示对应的详细信息，如总数、百分比、排名等；鼠标单击气泡或条形，高亮显示图中需要突出显示的某个或多个重点关注的内容。气

泡或条形尺寸的大小以及展示结果都可以通过选择项来改变其对应代表的含义，如尺寸的大小可以代表对应的数值或百分比，展示结果可以显示为总和或平均值。矩阵图会根据不同的选择相应展示图形，而不需要对原数据集重新做任何处理。

（3）网络图

网络图由节点和边的集合构成，网络可视化重在表现相邻或相近元素之间的强弱关系，网络中节点的整体布局表现为这些节点之间的连接结构。

第一，数据特征。网络图的展示需要至少由两个文本列的数据组成的表。每一行代表两个实体间的独立关系，列的内容代表每个实体的标签。使用网络图进行展示的数据集强调多个元素之间的关系。

第二，应用场景。现实世界中的信息往往在实体或项目之间具有各种关系，如社交网络的人与人之间或者链接的网站之间。在网络图中以节点和边的形式将实体之间连接起来。

第三，展示及交互。

①展示。节点的尺寸与从它发射出去的边的数量成比例。如节点发射出去的边越多，该节点的尺寸就显示越大。边的粗细可代表权重的大小，如两个节点间的关系强，则连接这两个节点间的边越粗。

②交互。通过鼠标右键的拖曳可以查看图形的不同区域（整体中的局部）。通过鼠标滚轮或鼠标左键选中感兴趣的区域进行缩放查看，缩放后也可通过还原按钮返回。鼠标左键选中的节点会高亮显示。通过选择节点，移动或拖曳到新的位置，可以手动实现对布局的调整。如果数据集与链接线的方向有关系，则可以通过箭头按钮对响应的边进行方向的切换。

（4）小结

关系型数据模型强调数据之间关系的展示，一般数据结构中至少有两个数据属性（文本列和数值列）。

在散点图、矩阵图和网络图三种适合展示数据之间关系的图形中，散点图能够展示跨度较大数量级数据之间的关系；矩阵图能够在同一区域展示更多维度的数据信息；网络图能够更好地展示多个个体之间的强弱关系。

2. 数据值比较展示

对于强调数据值比较的数据结构，可以利用以下三种可视化图形：条形图、直方图、气泡图。

（1）条形图

条形图显示各个项目之间的比较情况，可以展示一个或多个变量集合。

第一，数据特征。条形图的数据表里每一列与一个数据系列相对应，x 轴与特定的一列相一致。例如，在很多表结构中，"年份"列作为 x 轴，其他的两个列定义条形图里的两个数据系列。通常情况下，用表头作为 x 轴的标签（如很多数据表里每年都对应一列数据）。在可视化时，可以选择替换行和列。

第二，应用场景。在轴标签过长和显示连续型数值的情况下，可以选择使用条形图展示。

第三，展示及交互。

①展示。条形图的高度展示数值列的大小、所占百分比的大小或排名情况等，相同颜色的条形代表同一个数据系列，多个颜色可以展示不同文本列的多个数据系列。

②交互。鼠标悬浮在对应的条形图区域内，可以展示详细信息。鼠标单击，高亮显示对应的信息，并变成橘黄色同其他条形图区域区别。通过选择不同的选项，条形图可以展示多个数据系列，选择不同的数据系列可以变换相应的条形图展示。

（2）直方图

直方图用于在一个数据集里展示数据值的分布情况。直方图能够显示各组频数分布的情况，且易于显示各组之间频数的差别。

第一，数据特征。数据结构表中一般有一个文本列，在直方图中作为标签。另外还有一个或多个数值列。

第二，应用场景。当需要展示数据集里各数据值的分布情况以及各组数据值整体的最大值、最小值比较情况时，可使用直方图。

第三，展示及交互。

①展示。x 轴与数据的范围相对应，被划分成多个区域。数据集里的每个实体被绘制成矩形块，通过区域内矩形块的堆栈展示同一范围内的数量。直方图不仅能够展示数据的整体情况，还可以展示数据的具体信息。

②交互。鼠标悬浮在直方图上时，可以显示详细信息；鼠标单击，高亮显示对应的信息，且呈现与其他部分不同的颜色加以区别；对于展示多个维度的直方图，可以通过菜单栏对应的页签选择展示哪一个；当信息量较大时，也可以通过搜索框输入关注的重点信息，点击搜索后其会以不同于周围其他直方图的颜色高亮显示，支持单个和多个关键词搜索；直方图中每个块所代表的值可以通过下拉框选择，直方图根据选择项变换相应的图形展示。

（3）气泡图

气泡图使用不同颜色和不同尺寸的区域，在有限空间中展示跨度较大的数量级的数据比较。

第一，数据特征。数据结构表中一般有一个文本列，一个或多个数值标签。因为气泡图使用区域来表现数据，所以它更适合正值的展示。如果要展示的数据集合中包含负值，可以选择使用不同的颜色来表现，如表示 100 的圆圈和表示 -100 的圆圈有同样的大小，但是 100 的圆圈是蓝色，而 -100 的圆圈是红色。对于有大量负值的数据集，可以考虑采用直方图来代替气泡图进行展示。

第二，应用场景。气泡图用圆圈展示数值，尤其适合用来展示有成百上千的数值，或者有几个不同数量级的数据。

第三，展示及交互。

①展示。气泡图里的圆圈表现了不同的数据值，圆圈所在的区域与值相符合。气泡的位置对数据来说没有任何意义，但是在布局设计上要尽量将圆圈集中以减少空间的占用量。

②交互。鼠标悬浮，显示相应的详细信息。鼠标单击或 Ctrl+单击，可高亮显示选中的一个或多个圆圈，再次单击，去除高亮显示状态；选中多个数据序列时，可通过选择框展示它们的总数或平均数信息。展示多维度的数据集时，可通过选择框选择圆圈的尺寸基于哪个数据列。

（4）小结

对于比较数值型数据模型，一般都有多组数据属性或数据序列，需要对组内或不同组之间的数据值进行比较。

在展示数据值比较关系的三种可视化展现方式中，各自的优缺点如下。

第一，条形图的主要问题在于当有很多个条形图展示时，标签成为一个难题，因为不同的标签意味着相互独立的不同数据。如果数据随时间的跨度具有连续的变化，条形图就不利于表现这种关系，这时最好采用线形图替换。

第二，气泡图的一个优势是可以展示大数据与小数据之间的比例，同时也可以同时展示成百上千的有效数值，还可以考虑使用气泡图可视化带有平方根的数据集。

第三，直方图与条形图在数据结构及图形展示上有很多相似之处，两者在以下三个方面存在明显的不同。①直方图通常用于展示各组数据个数的多少，而条形图反映的是数据量的大小。②条形图用条形的长度（横置时）表示各类别频数的多少，其宽度（表示类别）是固定的；直方图用面积表示各组频数的多少，矩形的高度表示每一组的频数密度，宽度则表示各组的组距，因此其高度与宽度均有意义。③由于分组数据具有连续性，直方图的各矩形通常连续排列来显示连续型变量的次数分布；而条形图则是分开排列。

3. 随时间变化的涨幅展示

对于强调随时间变化有明显涨幅的数据结构，可以利用以下三种可视化图形：线形图、堆栈图、分类堆栈图。

（1）线形图

线形图是一种可视化展现持续变化数据的有效方法，可展示一个或多个维度的数值随时间变化而产生的变化趋势。线形图包括曲线图、折线图等。

第一，数据特征。数据结构表中每一列代表一个数据系列，x 轴同某个特定的列相对应。因为要展现随时间变化的情况，一般需要将时间序列与 x 轴相对应。

第二，应用场景。展现随时间推移，持续变化的发展趋势及涨幅时，可使用线形图。如反应数据的实时动态变化趋势。

第三，展示及交互。

①展示。线形图中的数据点通过折线或曲线连接起来，呈现出数据随时间（x 轴）变化的整体趋势。可以使用不同颜色代表不同的数据系列，在同一区域展示各个时间点的不同变化。折线连接的线形图可以更准确地显示发生明显变化的转折点信息。

②交互。鼠标悬浮，显示相应的详细信息。鼠标单击，显示详细信息的同时高亮显示线形图上对应的数据点。

（2）堆栈图

堆栈图可以在同一区域同时展示多个维度的数据信息。

第一，数据特征。数据结构表中每一列代表一个数据系列，一个特定的列作为 x 轴标签。在堆栈图中，如果数据集里含有负数，则所有的负数都会被当作 0 处理。

第二，应用场景。当数据值的总体情况与个体情况同样重要时，堆栈图非常适合展示集合中实体的变化。例如，堆栈图在展示横跨几个产品随时间跨度的收益时，展示效果特别好。由于堆栈图使用区域表达数据，所以它不能表示负数。有些情况下，堆栈图不能表现出随时间增加的不同数据系列，如股票。这种情况下，可以选择使用线形图。

堆栈图有两种：一种是简单的堆栈图适合展现少量的数据项；另一种是对于比较多数据项的大数据，需要选择分类的堆栈图进行展示。

第三，展示及交互。

①展示。每个颜色的带形区域表示一个随着时间变化的数据集。为了整个图形的协调，可通过选择百分比复选框实现每个带形区域展示对应时间点所占总数的比例，而不是绝对值。该方法在强调带形区域的相对尺寸展示上很有帮助。

②交互。鼠标悬浮，显示相应的详细信息。鼠标单击，高亮显示基准线及相关信息。

通过下拉框可选择相同颜色项所表示的信息，如总数、平均数。

（3）分类堆栈图

第一，数据特征。比较复杂的含有分类信息的数据表结构。为了创建分类和子类，堆栈图按照从左到右的顺序使用所有的文本列。最左边的文本列作为最上面的类目，然后依次往下排序。数值列作为图形中的值展示。

数值列中的数据不能是负数，一旦使用了这种展现方法，数据集中的所有负数都当作0处理。

第二，应用场景。当要求数据的整体和个体都需要被关注，同时数据还存在类别的时候，适合使用类别堆栈图进行展示。

第三，展示及交互。在左边的树形轮廓提供目录对应的颜色值，从而允许使用者通过扩展和折叠对数据进行深度探讨或分析。树结构本身包含了小型的折线图，能够展示每个类别和目录的总体趋势。

（4）小结

随时间变化的数据集中一般包含了时间维度，且其他维度的数据与时间维度之间存在变化关系。展示随时间变化的线形图和堆栈图，缺点如下：

第一，线形图：x轴展示的数值一般都是有序的，如果x轴需要展示的标签数据是无序的，则可考虑使用气泡图代替。

第二，堆栈图：在堆栈图中不能准确地判断条纹的宽度，两个条纹的宽度也不好做精准比较。如果需要重点展现两个条纹之间的精确比较，可以考虑使用线形图代替。另外，通常在堆栈图中，有些数据系列的增加不容易被直观地展示，如增加某个公司的股票价格对其他股票价格没有任何意义。

4. 整体与部分展示

对于强调整体以及其中各个部分的数据结构，可以利用以下两种可视化图形：饼图、树图。

（1）饼图

饼图是展示比例大小的一种常用方法，以二维或三维形式显示每一数值相对于总数值的大小。

第一，数据特征。数据结构表需要一个文本列作为分片的标签，还要有至少一个数值列作为分片的值。数据集中的数值均为正数，且属于一个数据系列。在绘制饼图的时候，如果要求使用者可以通过菜单展示不同数值之间的不同，则可以指定多个数值列。

第二，应用场景。需要展示各个项目或类别所占的比例时，如广告预算中，电视占

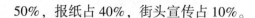

50%，报纸占 40%，街头宣传占 10%。

第三，展示及交互。

①展示。饼图使用不同的颜色展示每个分片，在进行展示前不需要将数据转换成百分比，可视化过程可以自动完成。当数据集中有负数或数据丢失时，不能在饼图中展示。

②交互。鼠标悬浮，显示对应的详细信息。鼠标点击或拖曳，饼图中的分片动态移出，并高亮显示相关信息。Ctrl+单击，展示选中的多个分片的总体比例信息。饼图中分片的尺寸含义及分片的标签都可以通过下拉框改变，并变换为对应的饼图。

（2）树图

树图以带分支的树状结构展示数据集中的整体与部分之间的层次关联。

第一，数据特征。数据结构表中的数据较为复杂，数据中存在类别和子类别。为了创建分类和子类，树图通常要从左到右考虑所有的文本列。最左边的文本列作为最高的类别，其次是邻近的，以此类推。

第二，应用场景。树图适合展示具有层次结构的数据集。使用尺寸和颜色编码展示具有叶节点属性的树图非常有效。树图使用户能够对比树中任何深度的节点和子节点，帮助用户分辨出模式和异常信息。很多数据具有层次结构，即实体被划分成一个个分类和子类等。例如，一个关于食物的统计数据集，包含的不仅有食物名称，还有食物所属的类别和子类。

第三，展示及交互。通过矩形表示每个数据项和数据集中的行。不同颜色的矩形与代表相应属性的区域成正比。负数在图中不能被表示出来，如果待展示的树图数据集中存在负数，其将会被忽略掉。

矩形的颜色反映数据集中的其他属性，根据所表现的数据集的特点，树图可以分为两种：简单树图和分类树图。在简单树图中，可以将特定列的数据集与颜色对应起来。在分类树图中，展示的是同其他类相比较的变化，需要定义两种不同的数据列。第二列确定图形中的区域，颜色反映第一列和第二列之间比例的不同。

（3）小结

整体与部分数据模型的展示强调整体中各个部分与整体之间的关系、占比或层次分布。既要使整体情况一目了然，也要使整个数据结构中的各个数据组信息清晰呈现。

饼图和树图具有各自展现的侧重点，对于百分比的数据结构使用饼图，对于有较多包含关系的分类和子类的数据结构使用树图。

两种展现方式共同的缺点是：对于较多和较复杂的大数据展现，由于其空间限制，清晰度会受到影响，且过多的分片和分支容易造成展示效果的混乱。

5．地理分布展示

对于含有地理分布信息的数据结构，地图是最典型的展示方式。如世界地图、国家地图或具体的区域地图等。采用地图展示，尤其是对于用户比较熟悉的地图形状，能够非常简洁直观地展示出信息分布的情况和规律，快速传递所承载的信息。

第一，数据特征。数据表结构包含区域名称列，例如一个或多个数值、文本列。

第二，应用场景。当要展示的数据具有地理信息属性，查看地域与数据分布规律之间的关系时，可以采用地图进行展示。

第三，展示及交互。

①展示。地图使用颜色和气泡展示地域信息，若要比较不同国家的税收情况，可以将颜色与税收联系起来，颜色从深到浅代表税收从高到低。但是当有较多的重点区域信息需要强调或关注时，使用气泡代替颜色进行展示会有更好的可视化效果。

②交互。鼠标悬浮，可以显示对应的详细信息。鼠标双击，可以进入二级地图，进一步查看具体省份或地区等的信息。鼠标单击，高亮显示选中的区域数据信息。使用鼠标滚轮，可以将地图进行放大和缩小，方便查看局部或整体情况。

6．文本分析展示

对于文本结构的分析展示可以利用以下两种可视化图形：单词树图和标签云。

（1）单词树图

第一，数据特征。数据结构为游离的非结构化文本数据，它可以处理上亿的单词。

第二，应用场景。单词树是展示非结构化文本的可视化搜索工具，如书籍、文章、演讲稿或诗。它可以按字或短语展示其出现的不同环境，环境按照树状结构显示常见的主题和短语。

第三，展示及交互。

①展示。单词树由空白的标记代替完整的数据可视化展示。可以为单词树的展示选择一个搜索项，当一个单词或短语被确定后，能够找出所有出现的内容项，以及一起出现的短语。例如，单词"word"出现在段落之前的数目。在单词树里有许多重复的短语，例如，在 word 之后的单词 tree 出现了 5 次，或短语 phrase 出现了 3 次。为了创建单词树，将合并所有的匹配短语。

不像一些文本可视化的方法（如标签云），单词树不能忽略标点符号。事实上，它会周期性地处理文本中逗号之类的独立单词。因为在文本的内容里，标点符号对短语的意义和节奏有影响。

默认情况下，树的分支是从上到下排序，与文本中的顺序一致。例如，如果"we saw"在"we conquered"之前出现，那么单词树中相对于"we""saw"就会在"conquered"分支的上面。有两种分支顺序，即字母顺序或整个分支大小的顺序。

②交互。鼠标移动到树中的分支，单击树结构中的单词，图形将会使用新的单词作为搜索项。如果希望看见短语之前的上下文，则选择"End"项。还可以使用前进和后退按钮在浏览器中快捷地查看历史浏览。单击树中的某个单词，可以高亮显示。

（2）标签云

标签云是单词出现频率的一个可视化展示方式。使用标签云可以展示给定文本里单词出现的频率，或者展示一列中单词或数据之间的关系。单词的大小与单词出现的次数相对应。

第一，数据特征。标签云可以展示任意文本或列表数据。如果选择使用列表数据，则数据集应该有一个单独的文本列和一个或多个行。如果希望在标签云中比较文本中的两个片段，那么每个片段都需要添加一个由破折号和标题组成的前言。

第二，应用场景。标签云可以展示两种数据：随意的文本或有标签和有数值的二维表。对于文本展示，标签云将会去掉文本中的标点符号，计算每个单词出现的频率，然后根据单词的频率按照一定的大小展示。标签云同样会忽略掉一些语法中的常用词，如英文中的"in"。

对于两个文本的比较，也可以通过使用标签云进行可视化展示。例如，在一个标签云里，通过展示两个文本中出现频度最多的单词信息，实现对两个文本关注点的比较。

第三，展示及交互。

①展示。可通过设置展示连续的两个单词出现的频率。但在选择使用两列（文本列包含标签，数值列包含标签出现的频率）时，不支持展示连续的两个单词。

②交互。通过在搜索框中输入可以查看标签云中的特定标签。每次输入一个关键字，标签云将展示以输入的字母开头的标签。鼠标移动到标签上时，对应的标签会变成橘黄色高亮显示，也可同时高亮显示多个标签。鼠标悬浮时会显示相关的详细信息。鼠标单击可跳转到相关的链接地址。

（3）小结

文本分析模型主要是为了展示文本信息中的关键字词或关注对象的热度（出现频率），使用户摆脱冗长单调的文字内容，从可视化图形中直观捕获文字中的热点信息。

单词树在展示文本信息时，过多的分支使得其展示效果不如标签云简单易读，但树形结构对于展示文本信息中的诸多细节非常有利。标签云在文本分析展示上具有简单、易读的优点。

7. 其他复杂多维数据展示

对于属性较多，需要在同一区域进行展示的复杂多维数据可以考虑利用平行坐标轴和雷达图等可视化展示形式。

（1）平行坐标轴

平行坐标轴特别适合展示具有多个相同属性的对象组，使得本来纷杂的数据在聚类方法处理后变得一目了然。平行坐标轴是一种能体现数据本身规律的可视化方法。

（2）雷达图

雷达图适合展示多组不同属性构成的数据组，以便用户多维度地了解某个整体各个方面的变动与发展趋势。

第三节　数据可视化在大数据中的应用

目前，业界在大数据可视化上的应用，归纳起来主要有以下几个方向：

第一，基于数据可视化平台，为个体或企业提供可视化服务。

如 Many Eys、number picture 等搭建在线可视化平台，允许用户上传或在线获取需要进行可视化的数据，采用平台提供的可视化模板或自己在平台上创建模板，将数据进行可视化展示或在线发布、共享可视化结果。付费用户可享受更高级别的定制功能或将可视化结果下载到本地、分享到其他网站。

第二，基于数据可视化产品，为企业提供可视化开发工具和开发环境以及可视化解决方案。

如 Tableau 拥有 Tableau Desktop、Tableau Server、Tableau Public 等产品，可以将大量数据拖放到数字"画布"上，快速创建好各种图表。在这些可视化产品的基础上，免费版主要面向博客作者和媒体公司，创建的可视化展示只能在线发布，而不能进行本地下载等操作。更多的功能使用以及针对性的可视化解决方案均通过收费方式对外提供。

第三，结合数据可视化技术，开发独立的数据产品，充分挖掘数据的价值。

如淘宝数据魔方，将传统的数据统计与分析模式与可视化技术相结合，充分挖掘海量交易数据的内在价值，以收费的方式向淘宝卖家或买家提供简洁、直观以及针对性的可视化数据分析工具。淘宝卖家或买家通过该可视化分析工具可方便、实时和准确地了解相关市场行情、动态和店铺的运营情况。

第四，各种可视化应用。

如可视化图片搜索、可视化新闻、可视化推荐系统、微博可视化分析等。这些可视化应用都是采用可视化技术与数据统计、挖掘与分析相结合的方式，将不同的海量数据及数据内在信息和规律以最直观的方式展现给用户，极大地提升了大数据展示下以用户为中心的良好用户体验。

第九章 大数据技术及创新应用

第一节 大数据在互联网领域的应用

一、大数据技术在电子商务领域的应用

（一）大数据技术在电子商务领域的主要应用

大数据技术在电子商务领域的应用主要体现在以下方面：

1. 应用于客户体验

电子商务平台网站的界面结构和功能的关键是吸引大量客户，大多数电商企业为提高客户第一次在交易过程的体验，根据大数据技术分析客户消费行为的历史记录建模，然后在此基础上使用 Web 挖掘技术改进关键字加权法，有效地将用户输入的关键字合理地拓展延伸，改善商品信息检索功能的精准率，并且根据消费习惯的不同，对页面布局进行动态地调整，全面把握客户的实际需求，实现对商品的合理聚类和分类，呈现商品信息的初步浏览效果，如淘宝网根据客户关心某类产品的访问比例和浏览人群来决定广告的商品内容，增加广告的投资回报率。通过对大数据技术的应用，能够满足消费者个性化的需求，改善客户的购物体验，有利于提高客户的购物满意度。

2. 应用于市场营销

电子商务企业引进了先进的大数据技术，在市场营销各环节将人力、财力以及时间成本等方面的成本降到最低。技术部门可以构建分布式存储系统，在运用 Web 数据挖掘技术的基础上，将客户在不同网络平台上的个人信息以及动态浏览习惯贴上"标签"，根据不同格式的数据选取不同的存储策略，再对潜在的客户提供更具针对性的商品与服务推销。

3．应用于库存管理

在零售业，库存销售比是一个重要的效率指标，数据仓库可以实时追踪商品库存的流入与流出，并通过分析市场供求变化的在线数据，准确地把握市场的预期供求动态，合理制订生产计划，减少库存积压风险，提高企业的资金周转能力。

4．应用于客户管理

为消费者持续提供产品和服务是客户管理的本质。运用大数据分析的优势是电商可以划分普通用户群和核心用户群，并且建立会员信誉度级别。在各大电商平台的领军企业，技术人员利用大数据技术根据买家的消费行为定量定性地评价买家信用，同时也可以通过跟踪商家的服务质量和产品销量来评价商家的信用，这样买卖双方都能够尽可能地遵守交易规范，以此促进电商交易平台的长远健康发展。

对于客户反馈环节，在传统的市场营销中，采集大量的用户反馈信息，需要动用较多的人力资源电话回访来完成调查问卷表，耗时耗力还效果不佳，国内一些专门将互联网信息分门别类提供给个人和企业单位的公司，如百度和阿里巴巴等，拥有强大的大数据技术和云计算系统，可以快速处理海量数据统计、查询和更新的操作，加工成具有商业价值的数据，为电子商务企业提供了全面而准确的客户反馈信息。

（二）大数据技术在电子商务领域应用中存在的问题

大数据是一个具有很强应用驱动性的产业，存在巨大的社会和商业价值。然而，就国内现阶段的大数据技术在电商领域应用的发展状况而言，仍然存在以下问题：

1．大数据应用的低效率问题

由于操作系统和系统集成技术的多元化发展，国内电子商务系统呈现出数据孤岛和异构等现象，导致在交换、共享、协同和控制之间无法实现网络业务。而电商企业的数据和系统独立开发，大数据技术应用所需的海量数据无法在电子商务行业之间共享，不利于大数据在电子商务领域中的多样化和高效率应用。例如，我国目前最大的电子商务平台阿里巴巴，尽管具备相对完善的信息系统基础设施，但因为其数据的封闭性，与其他的互联网企业难以在业务与安全范围内实现互联互通互操作，尤其是新兴的电子商务企业不能承受系统开发和维护费用给企业带来的巨大成本，因而重复开发利用信息资源的低水平，在一定程度上抑制了电子商务行业的协同发展。

2．大数据技术应用的政策和技术标准不完善问题

尽管大数据技术的应用可以为新兴的电子商务行业发展提供良好的技术支持，但仍处

于初级阶段的大数据产业，各种良好应用前景的实现还需要国家政策的大力支持。目前，我国大数据技术应用的相关管理政策还没有明确，没有形成统一的技术标准，对大数据产业统一管理和发展是不利的，是电子商务领域应用进一步革新的阻碍。

3. 大数据环境下电商企业创新能力较低的问题

大数据作为信息技术的商业潜力，近年来在电子商务企业中被广泛利用，但目前我国在电子商务领域应用大数据技术的创新水平较美国、日本等发达国家还有很大的差距。许多国内的电商企业遭受了由于高强度的数据分析计算导致系统崩溃带来的损失，且大数据资源还无法完全在企业之间进行共享，导致电子商务应用大数据技术封锁和创新能力是有限的，没有充分利用大数据技术。因此，加快大数据的共享速度，突破技术的障碍，对商业模式进行创新、提高产品质量和服务能力成为大数据环境下电商企业提高核心竞争力的必要手段。

4. 大数据技术在电子商务应用中的数据安全和个人隐私问题

随着数据挖掘等大数据技术在电子商务领域的广泛应用，电子商务交易过程中，网络通道频繁交互信息，使得大数据在采集、共享发布、分析等方面的数据安全和个人隐私问题上日渐凸显。一方面由于各类电商平台信息安全技术的参差不齐，大量分散的数据中关于企业机密和个人敏感信息记录很容易被他人用作不良途径谋取利益，对用户的财产和人身安全造成威胁；另一方面对于电商企业而言，一些敏感数据的所有权和使用权还没有明确的界定，很多基于大数据的分析都没有考虑到其中涉及的个人隐私问题，因此，大数据的处理不够妥善会对用户的隐私造成极大的威胁。

（三）解决对策

1. 提高大数据技术在电子商务领域的应用效率

在解决大数据应用低效率的问题上，云计算技术具有不可替代的优势。它可以利用虚拟化技术和大型服务器集群提高后台的数据处理能力，为用户提供一个统一的、方便的大数据应用服务平台。不同的互联网合作商的相关数据被部署在云计算服务商的数据中心，集成不同的数据处理，甚至实现行业共享，最终为用户提供集中服务。云计算技术的这些特点可以有效地减少电商企业信息系统开发和维护的成本支出，同时在降低运行负荷的情况下，能够提高数据中心的运行效率和可用性。

建立基于云计算模式下的数据存储业务，不仅从云端技术可以提供高效率的大数据计算和超大的数据流量支持，以避免大量用户访问网站突破峰值造成的网络拥堵和系统崩溃，同时存储在云端的数据便于集中式地进行高强度的安全监控，还可以减少被黑客攻击和窃取商业机密数据的可能性。

建立基于云计算模式下的信息共享和业务协作。电商企业、外部供应商、互联网合作企业通过建立基于云计算模式下的信息共享和业务协作，不仅可以实现同步的信息资源共享，提高数据的可重复利用率，减少数据挖掘和数据整合的成本，而且还可通过企业之间的互通、互联、互操作为消费者的业务需求提供更加便捷和高效的服务。

2. 完善大数据技术在电子商务领域应用的政策和技术标准

各级政府要进一步加强信息网络基础设施建设，建设符合未来社会经济需要的数据和信息化基础平台，加大对大数据产业的金融支持力度，将数据加工处理业务纳入享受税收优惠政策人范围，减免大数据技术的自主研发项目的税收，甚至给予一定的补贴，鼓励大数据技术成果产业化，并完善其知识产权保护的法律法规和政策。此外，还应该建立统一权威的信息管理机构，建立健全大数据技术应用的统一技术标准，完善大数据技术在电子商务领域应用的法律保障体系。

3. 提高大数据技术在电子商务领域应用的创新能力

我国应该继续加强国内外大数据技术创新交流与合作，通过不断学习和交流，提升电子商务领域应用大数据技术的创新能力。电商企业也应积极地响应国家发展规划，号召创新创业，提高对应用大数据技术的重视程度，改善现有的产品和服务，优化电子商务产业结构，提升企业信息管理部门的 IT 架构承载能力和计算能力，研究新的商业模式，充分利用大数据和云计算技术促进电子商务企业的转型和升级。另外，电子商务企业还需要抓紧时间，储备既具备过硬的专业技术又具备市场营销、运营管理和创新能力的大数据管理和分析人才，以适应"互联网+"时代对人才的需求。

4. 完善大数据技术在电子商务领域应用的安全技术

为了有效解决电子商务领域应用中大数据技术存在的数据安全和个人隐私问题，应该不断完善交易成功前的两层数据传输安全防护技术以及交易成功后保留在服务器中的数据的客户隐私保护技术，不断加强大数据技术在电子商务应用中的安全性。

使用身份验证和设备认证技术确保用户身份和相关设备的真实性。身份认证是识别和确认交易双方真实身份的必要环节，也是电子商务交易过程中最薄弱的环节。因为非法用户经常使用密码窃取、修改、伪造信息和阻断服务等方式攻击网络支付系统，妨碍系统资源的合法管理和使用。用户身份认证能够通过三种不同的组合方式来实现：用户所知道的某个秘密信息，如用户自己的密码口令；用户所拥有的某个秘密信息，如智能卡中存储的个人参数；用户所具有的某些生物学特征，如指纹、声纹、虹膜、人脸等。

综合使用数字证书和数字签名技术以确保消息的机密性和不可否认性。在电子商务交易的整个过程中，交易各方必须向授权的第三方"CA机构"颁发身份凭证，以提供自己的真实身份信息。数字证书结合所有各方的身份信息作为信息加密和数字签名的密钥，它为公钥加密和数字签名服务提供了一个安全基础设施平台，通过PKI管理密钥和证书信息，保证电子交易通道网络的安全。从而保障电子交易渠道的网络通信安全和数据报文的机密及不可否认性。

利用隐私保护技术来实现大数据的隐私保护。①基于数据失真的隐私保护技术。数据失真技术通过干扰原始数据，使攻击者无法找到真实的原始数据，且失真后的数据保持某些性质不变，在应用中，大数据技术可以通过该技术实现对私有数据的保护。②基于数据加密的隐私保护技术采用加密技术来隐藏敏感数据的数据挖掘过程，包括安全多方计算、分布式匿名化等方法，实现数据集之间隐私的保护。③基于受限发布的隐私保护技术通过选择性地发布原始数据，而不发布或者发布精度较低的敏感数据，来实现对隐私的保护。

"互联网+"的时代已经到来，大数据技术在电子商务领域的应用是势在必行的。电商企业应该积极应用大数据技术分析产品、市场和客户等信息，通过分析结果，可以帮助管理者进行经营管理和决策，提高电商企业的市场竞争力。

二、大数据在网络购物中的应用

现代的购物方式因为互联网的迅速发展显得更加方便快捷，网络购物就是目前中国最主流的购物方式之一，人们足不出户，就可以获得自己所需的商品。网络购物使得企业能直接面向最终客户，从而降低交易成本和客户售后咨询等服务费用，所以，网络购物管理系统在当今时代占据着重要地位，制作购物网站成为一个热点。

微软公司针对SQL Server提出了大数据的解决方案，SQL Server和Azure构成微软大数据平台的后端，该方案套件被设计用于公司现有的数据基础设施以及SQLServer、Hadoop等产品进行无缝集成。Microsoft Azure是目前全球唯一同时提供公有云、私有云和混合云的云服务，相比于OpenStack等其他云平台，Azure不仅提供IaaS服务，还提供预制Windows的虚机和预制Linux，以及提供PaaS和存储服务。微软在战略规划上把Azure放到首要位置，还将SQL Server 2014定位为混合云平台，它能够轻松整合到Microsoft Azure中。

良好的数据库系统对于一个高性能的网络购物管理系统是非常重要，就像一个空气动力装置对于一辆赛车的重要性一样。本节选用基于Hapood、SQL Server技术构架实现购物网站，它的大部分功能是基于数据库的操作。下面从分析SQL Server数据库开始了解该网络购物系统。

（一）项目开发目的

网上购物平台给消费者带来了诸多方便，这个系统的操作有利于进行网上管理、网上销售、网上浏览、网上查询、网上支付，延长了营业时间，对顾客具有良好便捷的操作性，可以随时随地与商家交流、协商，免去了诸多的不便。顾客还可以随意查看订单信息和商品信息，了解商品类别和实现售后信息的反馈；商品的卖家可以通过订单信息查看发货情况，免费宣传实体店的效果，少了地域和实体店的空间限制，为顾客提供一个很轻松自在、很愉快的购物环境。商家通过大数据的分析还可以了解顾客的喜好、分布，帮助实体店完善客户群、制定营销措施。

（二）数据库需求分析

1. 需求分析

数据库的设计要考虑以下各个方面：因为购物系统的主要对象是顾客，必须建立用户表，包括用户的基本信息情况和登录情况；用户的主要活动就是购买商品，所以需要建立商品信息表；用户要买所需要的商品，首先要对商品进行搜索和浏览，所以需要对商品进行分类，如大类和小类的划分、价格或销售情况的划分等，所以可以建立商品类别表；最后用户购买商品、提交订单，所以要建立购物车表和订单表。

2. 系统功能模块分析

（1）用户管理分析

①用户

只允许浏览商品信息，必须注册为会员之后才可以购买商品。用户注册需要如实填写用户名、密码、E-mail，地址、电话、真实姓名等各项信息，提交后，系统进行检测判断该用户名是否已经注册通过。

②会员

拥有浏览商品、购买商品、享受售后服务的权限，其属性包括客户编号（唯一性）、登录账号、登录密码、真实姓名、性别、邮箱地址、邮政编码、地址（一个客户可有几个地址）、客户所属 VIP 级别、折扣优惠等。

（2）商品信息管理

①商品的增加

其中的属性包含商品编号（唯一性）、商品名称、商品类型、生产厂商、实际存货量、最低存货量和商品其他描述等。

②商品的查询

在只要输入商品的任意属性即可查询相应信息。

（3）商品订购管理

注册用户可以将相关商品放入购物车，购物车可以列出商品的列表，使用户能够自由选择所需要的商品。浏览商品结束之后可以提交订单，即购物车汇总后提交形成总订单，其中每个订单属性包含订单号、商品号、收货地址、订单日期、订单金额、订单明细（每个订单都有多个明细）。

（4）配送单管理

默认属性为客户注册时的基本信息，当然配送地址可由客户修改为合适的收货地址，支付方式也可根据提示由客户自定，比如网上支付、货到付款等。

（5）数据应用

数据应用部分主要是满足系统管理者或者商家的分析需求，体现商业智能应用和海量数据管理，满足商家对客户浏览数据、会员购物数据等的综合应用和价值发现，从而支持其制订各种营销方案和促销策略。

三、大数据在移动互联网中的应用

随着手机用户的普及与推广，移动互联网每天都在产生大量的数据。这些数据可以帮助移动运营商内部的分析人员更多地了解和掌握客户的需求、爱好，借助数据分析可以帮助移动运营商挖掘更多有价值的用户行为、用户爱好，预测客户需求，为客户提供实时服务。

本节主要讲了移动互联网中的大数据挖掘可以更好地增强移动用户体验、产生新型移动金融模式、在移动设备上的精准营销三个方面。

（一）增强移动应用用户体验

智能手机正在改变人们的生活习惯，手机社交、阅读、听音乐、看电影、聊天、购物、游戏等已经成为人们的日常生活行为。比如，在等车时，一边等车一边阅读小说打发时间；在商业圈里可以通过手机搜索热点商家，查看相关评论就可以了解哪家商店更加实惠；利用手机支付可以方便人们的购物行为，省去了随身带大量现金的麻烦；通过手机导航可以帮助人们进行线路导航等。

1. 移动 App 应用

应用软件（Application）指的是智能手机的第三方应用程序。比较著名的应用商店有苹果的 App Store，谷歌的 Google Play Store，还有黑莓用户的 BlackBerry App World，微软的 Marketplace 等。

移动用户数量的增长，基于大数据的移动应用越来越受到重视。目前拥有过亿用户的移动应用已达 10 款左右，包括微信、支付宝、手机淘宝、百度地图、酷狗音乐、高德地图及墨迹天气等，它们都很好地利用了大数据带来的益处，在对用户数据进行分析整理的基础上提取有效信息，成为 App 大数据应用的先行者。

墨迹天气 App 是应用大数据的典型代表。它旗下产品空气果，可以利用 Wi-Fi 去简单设置。空气果外观设计很酷，界面友好，可以语音播报，显示屏挥手可以点亮，挥手可以切换数据，它在用户数据保存和分析利用方面相对于其他同类移动 App 有很大优势。快的打车的大规模使用，增加了移动 App 的大数据应用程度。快的打车是打车软件和移动支付市场的代表，它获得了大数据以及 O2O 市场。通过软件实现对用户打车习惯、打车路径等数据的积累，进而分析，叠加地图服务、生活信息服务等内容，实现智能服务模式，增加客户黏度，从而与商家以及消费者形成合作，实现赢利。

2. 移动健康监控

移动健康监控是使用 IT 和移动通信实现远程对病人的监控，还可帮助政府、关爱机构等降低慢性病病人的治疗成本，改善病人们的生活质量。在发展中国家的市场，移动性的移动网络覆盖则更为重要。

我国正面临着成为世界上最大的老年社会，据统计，预计到 2040 年，65 岁及以上老年人口占我国总人口的比例将超过 20%，80 岁及以上高龄老人正以每年 5% 的速度递增。同时，我国目前有约 3000 万哮喘病患者、9700 万糖尿病患者和 6500 万慢性心脏病患者，慢性疾病诊疗的需求越来越大，这给本就紧张的医疗资源带来了很大压力。而可穿戴医疗设备的健康监控在信息监测、诊断等方面的优势无疑将有极大的应用前景。

今天，移动健康监控在成熟的市场还处于初级阶段，项目建设方面到目前为止也仅是有限的试验项目。未来，这个行业可实现商用，提供移动健康监控产品、业务和相关解决方案。

3. 移动支付

移动支付也称为手机支付，是用户通过使用其移动终端（通常是手机）对所消费的商品或服务进行账务支付的一种服务方式。通常表现为单位或个人通过移动设备、移动互联网或者近距离传感直接或间接向银行金融机构发送支付指令产生货币支付与资金转移行为，从而实现移动支付功能。移动支付将终端设备、互联网、应用提供商以及金融机构相融合，为用户提供货币支付、缴费等金融业务。

移动支付主要分为近场支付和远程支付两种，所谓近场支付，就是用手机刷卡的方式坐车、买东西等，很便利。远程支付是指，通过发送支付指令（如网银、电话银行、手机支付等）或借助支付工具（如通过邮寄、汇款）进行的支付方式，如掌中付推出的掌中电商、掌中充值、掌中视频等属于远程支付。目前支付标准不统一给相关的推广工作造成了很多困惑。

随着我国移动支付产业标准制度、市场环境、生态体系的不断完善和技术产品、商业模式的创新支撑，移动支付产业市场规模不断扩大，并继续保持高位增长，在引领金融、电信、互联网、交通等领域创新发展的同时还带来巨大市场机遇，国内外众多科技、互联网、金融巨头先后高调布局进入，在跨行业融合发展大潮下，移动支付生态圈不断趋于优化，市场发展正大步向前。

4. 近场通信

近场通信（Near Field Communication，NFC），即近距离无线通信技术，可实现相互兼容装置间的无线数据传输，只须将它们放在靠近的地方约为10厘米，可以实现电子身份识别或者数据传输，比如信用卡、门禁卡等功能。早期借助这项技术，用户可以用手机替代公交卡、银行卡、员工卡、门禁卡、会员卡等非接触式智能卡，还能在轻松的读取广告牌上附带的射频识别（Radio Frequency Identification，RFID）标签信息。现在，随着这种技术的发展和研究应用，可以在移动设备、消费类电子产品、PC和智能控件工具间进行近距离无线通信。NFC提供了一种简单、触控式的解决方案，可以让消费者简单直观地交换信息、访问内容与服务。

5. 手机二维码扫描

二维码（2-dimensional bar code）是用特定的几何图形按一定规律在平面（二维方向上）分布的黑白相间的矩形方阵记录数据符号信息的新一代条码技术，由一个二维码矩阵图形和一个二维码号，以及下方的说明文字组成，具有信息量大，纠错能力强，识读速度快，全方位识读等特点。手机二维码是二维码技术在手机上的应用，将手机需要访问、使用的信息编码到二维码中，利用手机的摄像头识读，这就是手机二维码。

手机二维码可以印刷在报纸、杂志、广告、图书、包装以及个人名片等多种载体上，用户通过手机摄像头扫描二维码或输入二维码下面的号码、关键字即可实现快速手机上网，快速便捷地浏览网页、下载图文、音乐、视频、获取优惠券、参与抽奖、了解企业产品信息，而省去了在手机上输入 URL（互联网上标准资源的地址）的烦琐过程，实现一键上网。同时，还可以方便地用手机识别和存储名片、自动输入短信，获取公共服务（如天气预报），实现电子地图查询定位、手机阅读等多种功能。

（二）产生新型移动金融模式

移动互联网将带来前所未有的生活方式的变革。马云认为，"手机将来会成为数据消费器"。中国网上银行促进联盟秘书长曾硕认为："金融服务从线下转移到线上，是顺应了互联网对于生活方式的第一次变革；而移动互联网对于生活方式的第二次变革，将使金融服务平台进一步从系统走向生态，融入生活场景、融入商务服务过程，真正实现'随心、随行'。"

随着移动互联网的发展、互联网应用逐步社交化和大数据的广泛应用，将对金融行业带来新的机遇，并将使金融行业逐步"移动化""金融社交化"，产生新的具有移动互联网特点、新的金融模式。这种金融模式将具有成本低廉、随身便捷的特点，能够使人们不受时间和地点的限制享受金融服务。

1. 移动互联网使人及时获取金融信息，降低信息传播成本

移动互联网使金融信息传播快速，充分透明。移动互联网改变了用户获取金融信息的方式，使金融信息充分透明。典型的移动互联网应用，如手机微博和手机即时通信等，使用户随时随地查看财经金融信息，金融供需信息几乎完全对称，并可以实现供需双方直接交流沟通。

2. 移动互联网使金融产品随时随地交易，降低交易成本

手机网络商务应用，如网络银行和网上支付等使金融产品交易随时随地进行，可以实现供需双方直接交易，并且交易成本较低。例如股票、期货、黄金交易、中小企业融资、民间借贷和个人投资渠道等信息能快速匹配，各种金融产品能随时随地地交易，极大地提高效率。

3. 移动互联网提高金融数据收集能力，大数据为金融数据处理和分析提供思路

一直以来，金融行业对数据的重视程度非常高。随着移动互联网发展、金融业务和服务的多样化和金融市场的整体规模扩大，金融行业的数据收集能力逐步提高，将形成时间连续、动态变化的面板数据，其中不仅包括用户的交易数据，也包括用户的行为数据，使得数据量成几何倍数增长，即形成海量的数据。对于金融企业来说，数据简单的收集是远

远不够的，还需要对大数据进行深度挖掘。只有对金融数据进行复杂分析，才能快速匹配供需双方的金融产品交易需求，发现趋势和隐藏的信息，让金融企业洞察和发现商机。

互联网金融和移动金融的发展日新月异，将不断对金融业的监管方式与手段提出新的挑战，金融业务的管理和监管体系须全面升级，适应金融行业的移动化、社交化的发展趋势。同时、移动金融行业就是一个"跨学科"的行业，融合了金融、通信、信息和IT等行业，目前金融和互联网行业具备这种跨行业复合型人才较少，对移动金融的发展有一定程度的制约。从趋势来看，未来的互联网金融可能完全区别传统的金融模式，产生全新的移动金融模式。

金融机构参与移动金融可分为几种形式：一是移动银行，这是电子银行业务、互联网银行业务在移动终端上的实现；二是移动证券，这是股票类交易在移动终端上的实现；三是移动电子商务，银行或者券商打造电子商城，让客户在移动端上购物消费；四是移动转账，使用手机向他人汇款，通过移动银行实现行内或者跨行不同账户间的转账；五是移动缴费，通过移动终端实现水、电、煤气、物业等费用的缴纳。从上述分类业务可以看到，国内的移动金融主要是网络银行、网络证券等业务向移动终端的移植。

移动互联网提高了金融数据收集能力，大数据则为金融数据处理和分析提供了思路。对于金融企业来说，简单的数据收集是远远不够的，还需要对大数据进行深度挖掘。只有对金融数据进行复杂分析，才能快速匹配供需双方的金融产品交易需求，才能发现趋势和隐藏的信息，才能让金融企业洞察和发现商机。

（三）移动设备上的精准营销

如今随着移动终端如手机、平板电脑以及无线网络的快速普及，使消费者不再局限于坐在办公室或者家里的电脑前上网浏览、娱乐、购物。他们更喜欢舒服地躺在床上或者坐在沙发上边看电视边用平板电脑浏览商品，或者在逛街的过程中随时查询他们想要购买的商品的信息。业内人士预计，移动广告未来还将迎来倍速增长，针对广告业新的商业模式和行业格局正结伴而来。互联网已经开始渗透到各个传统行业当中来，必将改变传统产业的发展路径。

精准营销（Precision marketing）就是在精准定位的基础上，依托现代信息技术手段建立个性化的顾客沟通服务体系，实现企业可度量的低成本扩张之路，是有态度的网络营销理念中的核心观点之一。移动精准营销具备的特点非常明显：第一个特点就是移动性，就是随时随地随身都可以进行营销活动；第二个特点就是精准性，也就是有选择性地选择移动客户，并且以客户为中心，在客户生命价值的各个阶段，运用恰当方式和途径，在恰当的时间、恰当的地点，以恰当的价格，通过恰当的渠道向恰当的客户提供恰当的产品。

移动精准营销的方式有以下几种：

1. 通过短信发送促销信息

这种方式其实很具有争议性。大多数情况下，商家通过非正常途径获得消费者的手机号码，然后大量地发送文字或者图片广告。很多时候，这种短信会被当作垃圾短信删除掉，失去了意义。另一种情况更接近精准营销，就是手机号码背后隐含着用户详细资料，营销人员可以根据不同的营销广告的特点细分客户群里，然后有针对性地发送相关的广告短信。虽然短信营销有很多不足，但是据国外媒体报道，短信的阅读率是邮件的 5 倍，而且发送成本低，可以见它的价值还是值得肯定的。

2. App 营销

随着智能手机的发展，App 的下载量与日俱增。国内大型的电商企业如淘宝、京东、腾讯都发布了自己的 App，用户可以在手机和电脑上随时浏览购买自己需要的商品，很多小企业在相关的 App 上投放广告。

3. 微信营销

微信营销是网络经济时代企业营销模式的一种。是伴随着微信的火热而兴起的一种网络营销方式。微信不存在距离的限制，用户注册微信后，可与周围同样注册的"朋友"形成一种联系，订阅自己所需的信息，商家通过提供用户需要的信息，推广自己的产品，从而实现点对点的营销。

第二节　大数据在生物医学领域的应用

大数据在生物医学领域得到了广泛的应用。在流行病预测方面，大数据彻底颠覆了传统的流行疾病预测方式，使人类在公共卫生管理领域迈上了一个全新的台阶。在智慧医疗方面，通过打造健康档案区域医疗信息平台，利用最先进的物联网技术和大数据技术，可以实现患者、医护人员、医疗服务提供商、保险公司等之间的无缝、协同、智能的互联，让患者体验一站式的医疗、护理和保险服务。在生物信息学方面，大数据使得人们可以利用先进的数据科学知识，更加深入地了解生物学过程、作物表型、疾病致病基因等。

一、流行病预测

本节首先指出传统流行病预测机制的不足之处，然后介绍基于大数据的流行病预测及其重要作用，最后给出一个关于百度疾病预测的案例。

（一）传统流行病预测机制的不足

在公共卫生领域，流行疾病管理是一项关乎民众身体健康甚至生命安全的重要工作。一种疾病，一旦真正在公众中暴发，就已经错过了最佳防控期，往往会带来大量的生命和经济损失。

在传统的公共卫生管理中，一般要求医生在发现新型病例时上报给疾病控制与预防中心，疾控中心对各级医疗机构上报的数据进行汇总分析，发布疾病流行趋势报告。但是，这种从下至上的处理方式存在一个致命的缺陷：流行疾病感染的人群往往会在发病多日进入严重状态后才会到医院就诊，医生见到患者再上报给疾控中心，疾控中心再汇总进行专家分析后发布报告，然后相关部门采取应对措施，整个过程会经历一个相对较长的周期，一般要滞后一到两周，而在这个时间段内，流行疾病可能已经进入快速扩散蔓延状态，结果导致疾控中心发布预警时，已经错过了最佳的防控期。

（二）基于大数据的流行病预测

今天，大数据彻底颠覆了传统的流行疾病预测方式，使人类在公共卫生管理领域迈上了一个全新的台阶。以搜索数据和地理位置信息数据为基础，分析不同时空尺度人口流动性、移动模式和参数，进一步结合病原学、人口统计学、地理、气象和人群移动迁徙、地域之间等因素和信息，可以建立流行病时空传播模型，确定流感等流行病在各流行区域间传播的时空路线和规律，得到更加准确的态势评估、预测。

（三）基于大数据的流行病预测的重要作用

目前，疾病防控人员迫切需要掌握疫情严重地区的人口流动规律，从而有针对性地制定疾病防控措施和投放医疗物资，但是由于大部分非洲国家经济比较落后，公共卫生管理水平较低，疾病防控工作人员模拟疾病传播的标准方式，仍然依靠基于人口普查数据和调查进行推断，效率和准确性都很低下，这些都给这场抗击埃博拉病毒的战役增加了很大的困难。因此，流行病学领域研究人员认为，可以尝试利用通信大数据防止埃博拉病毒的快速传播。当用户使用移动电话进行通话时，电信运营商网络会生成呼叫数据记录，包含主叫方和接收方、呼叫时间和处理这次呼叫的基站（能够粗略指示移动设备的位置）。通过对电信运营商提供的海量用户呼叫数据记录进行分析，就可以分析得到当地人口流动模式，疾病防控工作人员就可以提前判断下一个可能的疫区，从而把有限的医疗资源和相关物资进行有针对性的投放。

二、智慧医疗

随着医疗信息化的快速发展，智慧医疗逐步走进人们的生活。IBM 开发了沃森技术医疗保健内容分析预测技术，该技术允许企业找到大量病人相关的临床医疗信息，通过大数据处理，更好地分析病人的信息。加拿大多伦多的一家医院利用数据分析避免早产儿夭折，医院用先进的医疗传感器对早产婴儿的心跳等生命体征进行实时监测，每秒钟有超过3000 次的数据读取，系统对这些数据进行实时分析并给出预警报告，从而使得医院能够提前知道哪些早产儿出现问题，并且有针对性地采取措施。我国厦门、苏州等城市建立了先进的智慧医疗在线系统，可以实现在线预约、健康档案管理、社区服务、家庭医疗、支付清算等功能，大大便利了市民就医，也提升了医疗服务的质量和患者满意度。可以说，智慧医疗正在深刻改变着我们的生活。

智慧医疗是通过打造健康档案区域医疗信息平台，利用最先进的物联网技术和大数据技术，实现患者、医护人员、医疗服务提供商、保险公司等之间的无缝、协同、智能的互连，让患者体验一站式的医疗、护理和保险服务。智慧医疗的核心就是"以患者为中心"，给予患者以全面、专业、个性化的医疗体验。

智慧医疗通过整合各类医疗信息资源，构建药品目录数据库、居民健康档案数据库、影像数据库、检验数据库、医疗人员数据库、医疗设备等卫生领域的六大基础数据库，可以让医生随时查阅病人的病历、患史、治疗措施和保险细则，随时随地快速制订诊疗方案，也可以让患者自主选择更换医生或医院，患者的转诊信息及病历可以在任意一家医院通过医疗联网方式调阅。智慧医疗具有以下三大优点：

（一）促进优质医疗资源的共享

我国医疗体系存在的一个突出问题就是：优质医疗资源集中分布在大城市、大医院，一些小医院、社区医院和乡镇医院的医疗资源配置明显偏弱，使得患者都扎堆涌向大城市、大医院就医，造成这些医院人满为患，患者体验很差，而社区、乡镇医院却因为缺少患者又进一步限制了其自身发展。要想有效解决医疗资源分布不均衡的问题，当然不能靠在小城镇建设大医院，这样做只会进一步提高医疗成本。智慧医疗给整个问题的解决指明了正确的大方向：一方面，社区医院和乡镇医院可以无缝连接到市区中心医院，实时获取专家建议、安排转诊或接受培训；另一方面，一些远程医疗器械可以实现远程医疗监护，不需要患者亲自大老远跑到医院，例如无线云安全自动血压计、无线云体重计、无线血糖仪、红外线温度计等传感器，可以实时监测患者的血压、心跳、体重、血糖、体温等生命体征数据，实时传输给相关医疗机构，从而使患者获得及时有效的远程治疗。

（二）避免患者重复检查

以前，患者每到一家医院，就需要在这家医院购买新的信息卡和病历，重复做在其他医院已经做过的各种检查，不仅耗费患者大量的时间和精力，影响患者情绪，也浪费了国家宝贵的医疗资源。智慧医疗系统实现了不同医疗机构之间的信息共享，在任何医院就医时，只要输入患者身份证号码，就可以立即获得患者的所有信息，包括既往病史、检查结果、治疗记录等，再也不需要在转诊时做重复检查。

（三）促进医疗智能化

智慧医疗系统可以对病患的生命体征、治疗化疗等信息进行实时监测，杜绝用错药、打错针等现象，系统还可以自动提醒医生和病患进行复查，提醒护士进行发药、巡查等工作。此外，系统利用历史累计的海量患者医疗数据，可以构建疾病诊断模型，根据一个新到达病人的各种病症，自动诊断该病人可能患哪种疾病，从而为医生诊断提供辅助依据。未来，患者服药方式也将变得更加智能化，不再需要采用"一日三次、一次一片"这种固定的方式，智慧医疗系统会自动检测到患者血液中的药剂是否已经代谢完成，只有当药剂代谢完成时才会自动提醒患者再次服药。此外，可穿戴设备的出现，让医生能实时监控病人的健康、睡眠、压力等信息，及时制定各种有效的医疗措施。

三、生物信息学

生物信息学是研究生物信息的采集、处理、存储、传播、分析和解释等方面的学科，也是随着生命科学和计算机科学的迅猛发展，生命科学和计算机科学相结合形成的一门新学科，它通过综合利用生物学、计算机科学和信息技术，揭示大量而复杂的生物数据所蕴含的生物学奥秘。

和互联网数据相比，生物信息学领域的数据更是典型的大数据。首先，细胞、组织等结构都是具有活性的，其功能、表达水平甚至分子结构在时间维度上是连续变化的，而且很多背景噪声会导致数据的不准确性；其次，生物信息学数据具有很多维度，在不同维度组合方面，生物信息学数据的组合性要明显大于互联网数据，前者往往表现出"维度组合爆炸"的问题，比如所有已知物种的蛋白质分子的空间结构预测问题，仍然是分子生物学的一个重大课题。

生物数据主要是基因组学数据，在全球范围内，各种基因组计划被启动，有越来越多的生物体的全基因组测序工作已经完成或正在开展，伴随着一个人类基因组测序的成本从 2000 年的 1 亿美元左右降至今天的 1000 美元左右，将会有更多的基因组大数据产生。除此以外，蛋白组学、代谢组学、转录组学、免疫组学等也是生物大数据的重要组成部分。每年全球都会新增 EB 级的生物数据，生命科学领域已经迈入大数据时代，生命科学正面临从实验驱动向大数据驱动转型。

生物大数据使得我们可以利用先进的数据科学知识，更加深入地了解生物学过程、作物表型、疾病致病基因等。将来我们每个人都可能拥有一份自己的健康档案，档案中包含了日常健康数据（各种生理指标，饮食、起居、运动习惯等）、基因序列和医学影像（CT、B 超检查结果）；用大数据分析技术，可以从个人健康档案中有效预测个人健康趋势，并为其提供疾病预防建议，达到"治未病"的目的。由此将会产生巨大的影响力，使生物学研究迈向一个全新的阶段，甚至会形成以生物学为基础的新一代产业革命。

第三节　大数据在其他研究领域的应用

一、金融业与大数据

金融行业应用系统的实时性要求很高，积累了非常多的客户交易数据，金融行业大数据的应用目前主要体现在金融业务创新、金融服务创新和金融欺诈监测等方面。

（一）金融业务中的大数据应用

随着全球金融行业竞争的进一步加剧，金融创新已成为影响金融企业核心竞争力的主要因素。有数据显示，95%的金融创新都极度依赖信息技术，因此金融业对信息技术的依赖性很大。大数据可以帮助金融公司分析数据，寻找其中的金融创新机会。

1. 金融业务创新

互联网金融是当前金融业务的开拓创新，即利用互联网技术、大数据思维进行的金融业务再造。这种创新主要表现在两个方面：一是金融机构依靠现代互联网技术和思维进行自我变革，如商业银行逐渐拓展的互联网金融业务；二是互联网企业跨界开展金融服务，如阿里金融、腾讯金融、百度金融、京东金融等。金融机构是将其金融业务逐步搭载在互联网平台上，而互联网企业是以互联网技术平台为优势加载金融业务，二者不断趋同，但各有优势。

新兴的互联网金融机构源源不断涌现，并推动着金融业在更大空间、更广地域进行着深刻而有效的金融创新，促使金融业由量变到质变，推动着金融业由不可能走向可能、由不完备走向完备、由不受关注走向备受关注，如在小额贷款和中小企业融资领域的 P2P 和众筹融资模式。而金融业面临众多前所未有的跨界竞争对手，市场格局、业务流程将发生巨大改变，未来的金融业将开展新一轮围绕大数据的 IT 建设投资。据悉，目前中国的金融行业数据量已经超过 100 TB，非结构化数据迅速增长。分析人士认为，中国金融行业正在步入大数据时代的初级阶段。

优秀的数据分析能力是当今金融市场创新的关键，资本管理、交易执行、安全和反欺诈等相关的数据洞察力，成为金融企业运作和发展的核心竞争力。因此，互联网金融不仅是互联网、大数据等技术在金融领域的应用，更是基于大数据思维而创造出的新的金融形态。

2. 改善营销模式

大数据改善传统营销模式。对于当今的金融机构来说，能够利用大数据准确快速地分析客户特征，进而区别与传统营销模式，快速锁定商机，很有可能决定了企业竞争力和分水岭，落后的企业很有可能要付出一定的代价。例如，银行对客户的分层往往是依据客户交易做粗略的划分，如存款超过 50 万元人民币者为 VIP 客户。但这种分类不够细致，根据这种简单的分类对客户做的广告并没有起到很好的营销作用，而且客户还有一种被"强迫推销"的感觉。

IBM 中国研究院提出，按照客户亲朋好友的投资动态来提供产品建议，以此来鼓励客户购买更多的金融产品。IBM 运用的是人类的"社交同理心"，但要激起客户的同理心，前提是得先了解他们的社交模式。因此，系统先从银行各个经销渠道收集客户的个人身份（如年龄、性别和婚姻状态）和事务数据（如存款和投资金额），经过清理和汇整后进行深入的分析对比，找出客户群体中有哪些人属于同样的社交圈，以及在不同的社交圈中扮演什么样的角色。通过大数据分析描绘出客户群体的关系之后，分析客户近期的购买倾向，以及已购买产品的绩效，以辅助营销。通过更加细致的分类，客户被隔成了不同背景、环境、经济条件的群体。根据不同的群体提供同类理财成效的相关信息，激发客户的好奇心，从而购买更多的金融产品，并且加强客户对品牌的认同度。

3. 金融智能决策

除了利用大数据思维对金融业务进行再造、利用大数据方法对客户行为进行分析，近几年商务智能也排到了金融行业 CIO 议程表上，这说明了智能决策的重要性。金融行业高度依赖信息数据，应用大数据方法与技术收集、处理、分析金融数据，并对数据进行挖掘提取，寻找其中有价值的信息，从而帮助公司做出及时准确的决策。

对于银行这样的金融机构，其影响公司盈利的一项决策就是对于发放贷款的判断。一般银行在放款前，会先调查贷款人的信用状况、职业和收入，再决定是否贷款给对方。然而我国很多中小企业从银行贷不了款，因为他们没有担保。为此阿里巴巴公司就利用大数据分析技术基于淘宝网上的交易数据情况筛选出财务健康和诚信的中小企业，对这些企业不需要担保就可以贷款。目前，阿里巴巴已放贷 300 多亿元，坏账率仅 0.3%。

另外一个典型的案例来自美国创业公司 ZestCash，主要业务是给那些信用记录不好或者没有信用卡历史的人提供个人贷款服务。ZestCash 的创办人 Douglas Merrill 是谷歌前首席信息官，它和一般银行最大的不同在于其所依赖的大数据处理和分析能力。FICO 信用卡记录得分是美国个人消费信用评估公司开放出的个人信用评级法，大多数美国银行依靠 FICO 分做出贷款与否的决策，这个 FICO 分只有 15~20 个变量，诸如信用卡的使用比率、有无未还款的记录等，而 ZestCash 分析的却是数千个信息线索，这形成了它独特的竞争力。例如，如果一个顾客打来电话，说他可能无法完成一次还款，大多数银行会把他视为高风险贷款对象，但是 ZestCash 进过客户相关数据分析发现，这种顾客其实更有可能全额付款，ZestCash 甚至还会考察顾客在提出贷款之前在 ZestCash 网站上停留的时间，准确地利用大数据处理和确定客户的信用情况。

（二）金融服务中的大数据应用

除了利用大数据技术与方法对于金融业务进行创新之外，对于金融中的服务也可以利用大数据方法与技术进行优化，从而改善客户满意度。比如花旗银行通过收集客户对信用卡的质量反馈和功能需求，来进行信用卡服务满意度的评价。质量反馈数据可能是来自电子银行网站或者呼叫中心的关于信用卡安全性、方便性、透支情况等方面的投诉或者反馈，需求可能是关于信息卡在新的功能、安全性保护等方面的新诉求，基于这些数据，他们建立了质量功能来进行信用卡满意度分析，并用于服务的优化和改进。

1. 客户行为分析

对于金融机构来说，利用大数据方法与技术对客户行为特征进行分析，从而更好地提供个性化服务，不但可以增强客户满意度，还可以从中获益。如招商银行利用客户刷卡、存取款、电子银行转账、微信评论（连接到腾讯公司的数据）等行为数据的研究，每周给顾客发送针对性广告信息，里面有顾客可能感兴趣的产品和优惠信息，从而增加客户消费。

另外，花旗银行在亚洲有超过 250 名的数据分析人员，并在新加坡创立了一个"创新实验室"，进行大数据相关的研究和分析。花旗银行所尝试的领域已经开始超越自身的金融产品和服务的营销。比如，新加坡花旗银行会基于消费者的信用卡交易记录，有针对性地给他们提供商家和餐馆优惠信息。如果消费者订阅了这项服务，他刷了卡之后，花旗银行系统将会根据此次刷卡的时间、地点和消费者之前的购物、饮食习惯，为其进行推荐。比如，此时接近午餐时间，而消费者喜欢意大利菜，花旗银行就会发来周边一家意大利餐厅的优惠信息，更重要的是，这个系统还会根据消费者采纳推荐的比率，来不断学习从而提升推荐的质量。通过这样的方式，花旗银行保持客户的高黏性，并从客户刷卡消费中获益。

除花旗外，一些全球信用卡组织也加快了利用大数据的进程。在美国，信用卡企业 Visa 就和休闲品牌商 Gap 合作，来给在 Gap 店附近进行刷卡的消费者提供折扣优惠。美国信用卡企业 MasterCard 分析信用卡用户交易记录，预测商业发展和客户消费趋势，并利用这些结果策划市场营销策略，或者把这些分析结果卖给其他公司收益。

2. 加快理赔速度

对于金融机构，另外一个可以明显改善客户满意度的环节就是保险的理赔速度。保险公司的理赔审核机制高度依赖人为的判断和处理时间，审核人员得仔细留意申请案件是否有诈保迹象，若发现可疑案件还得转给其他部门进一步评估。这就导致理赔流程拉得很长，影响保户满意度。

IPCC（Infinity Property and Casualty Corp）是一家汽车保险公司，为了遏制诈领保险金的增长趋势，决定运用一套根据事故数据来预测分析机制加强诈保侦测，提升理赔的速度、效率和准确率，从而改进理赔服务。在新的理赔系统中，IPCC 仿效信用审核评分的方法，建立起一套专门评估理赔申请案件"诈保率"的评分机制，一旦发现可疑案件，系统就会按照事先设定的业务规则，把案件转交给负责调查的人员。由于新系统的实施，IPCC 把阻止诈保的成功率从 50% 提高到 88%。另外 IPCC 也从收到保户通报事故数据的第一时间着手，运用演算模型，在事故发生当下就把理赔申请分门别类，让有问题的案件可以尽早被调查，不需要调查的案件可以立刻获得给付。因此，IPCC 在第一时间就能排除 25% 需要后续调查的案件，省下了不少案件往来的时间和费用。同时 IPCC 还采用文本挖掘技术，分析警方对交通事故的调查报告、伤者医疗记录和其他文件中的内容，检查描述上有何矛盾或可疑之处。总之，IPCC 利用大数据分析方法大幅度提高了理赔的审理速度和准确度。

（三）金融风险中的大数据应用

金融欺诈监测对银行的业务至关重要，直接关系到银行策略的制定。例如，通过对客户的教育水平、收入情况、居住地区、负债率等进行大数据分析，可以评估用户的风险等级，将贷款发放给风险等级较低的客户。

1. 金融欺诈行为监测和预防

账户欺诈会对金融秩序造成重大影响。在许多情况下，可以通过账户的行为模式监测到欺诈，在某些情况下，这种行为甚至跨越多个金融系统。例如，"空头支票"需要钱在两个独立账户之间来回快速转账。特定形式的经纪欺诈牵涉两个合谋经纪人以不断抬高的价格售出证券，直到不知情的第三方受骗购买证券，使欺诈的经纪人能够快速退出。金融网站链接分析也能帮助监测电子银行的欺诈。

保险欺诈是全球各地保险公司面临的一个切实挑战。无论是大规模欺诈，还是涉及较小金额的索赔，例如虚报价格的汽车修理账单，欺诈索赔的支出每年可使企业支出数百万美元的费用，而且成本会以更高保费的形式转嫁给客户。南非最大的短期保险提供商 Santam 通过采用大数据、预测分析和风险划分帮助公司识别出导致欺诈监测的模式，从收到的索赔中获取大数据，根据预测分析及早发现欺诈，根据已经确定的风险因素评估每个索赔，并且将索赔划分为 5 个风险类别，将可能的欺诈索赔和更高风险与低风险案例区分开。

2. 金融风险分析

为评价金融风险，很多数据源可以调用，如来自客户经理服务、手机银行、电话银行等方面的数据，也包括来自监管和信用评价部门的数据，在一定的风险分析模型下，帮助金融机构预测金融风险。如一笔预期贷款的风险的数据分析，数据源范围就包括偿付历史、信用报告、就业数据和财务资产披露内容等。

3. 风险预测

征信机构益百利根据个人信用卡交易记录数据，预测个人的收入情况和支付能力。中英人寿保险公司根据个人信用报告和消费行为分析，来找到可能患有高血压、糖尿病和抑郁症的人，发现客户健康隐患。

二、交通业与大数据

社会经济的飞跃式发展促使了城市车辆的大幅增加，从而打破了原来城市道路的均衡发展，原有的交通管理与规划方法难以满足现在复杂的交通需求，交通堵塞问题日益严重。城市交通部门从宏观和微观的角度提出了许多措施，但这些措施只在短期内缓解了区域性交通拥堵问题。大数据技术与方法为缓解交通拥堵问题打开了新思路，通过对交通流量的监控、交通诱导系统以及交通需求预测等，帮助城市缓解交通拥堵问题。

目前，交通业的大数据应用需求主要是通过大数据的实时分析功能来进行智能交通管理和预测分析，而交通系统中的大数据具有下面两个突出的特性。

1. 复杂性

涉及多方面多类型的数据。交通系统中人、车、路、环境这 4 个要素之间的数据错综复杂，不确定性多。此外，交通状况的数据遍布道路网络，具有随机、时变的特征。同时，交通系统里面的数据还受到外界环境、社会状况和经济条件等其他信息的影响，比较复杂。

2. 动态性

数据实时处理要求高。交通系统每时每刻都在发生着变化，而且随时都有可能突发一些意想不到的变化，因此，公众对交通信息发布的时效性要求高，交通服务系统须将准确的信息及时提供给具有不同需求的主体。

鉴于交通系统中的大数据复杂、易变的特征，可以通过大数据技术为交通系统提供解决方案。下面从客运和货运的角度简单列举大数据在交通行业应用的几个方面。

（一）智慧交通中的大数据应用

城市的交通拥堵问题已经严重阻碍了城市发展，对居民的生活质量和幸福感指数都产生了一定的影响。交通大数据庞大的数量，多样化的类型以及存储的分散性，都给处理与分析数据带来了困难，更何况许多交通问题的处理需要数据分析具有实时性。为此，大数据技术对于数据的集成能力，存储能力以及对数据处理的实时性能够帮助城市改善交通的管理与运转效率。下面从智慧驾驶、城市公共交通智慧服务和停车诱导服务三个方面对利用大数据缓解交通堵塞问题做介绍。

1. 智慧驾驶

所谓智慧驾驶，指的是驾驶者在出行前可以获取相关的路线、道路拥堵情况以及到达目的地所需时间等信息，驾驶者在驾驶时能够根据自己的需求实时地调整路线安排，享受导航服务，以便驾驶者一直行驶在最佳路线上。为了实现智慧驾驶，国内外学者通过众包这一基于大数据挖掘大众智慧的方法，对人类活动的位置大数据进行建模分析，获得群众关于驾驶路线的最优选择，从而为驾驶者更好地导航服务。

智慧驾驶的方式除了较好地为驾驶者进行导航服务，还在一定程度上缓解了交通拥堵问题，提高了交通运转效率。智慧驾驶利用大数据可以提前预测前方路线中由于天气、交通事故等造成的拥堵情况，告诉驾驶者最佳的备选行驶路线，并合理组织分配私家车路线，进而提高交通运输效率。例如，云南省推出了"七彩云南、智慧出行"系统就以多种方式向驾驶者发布相关交通信息，如各条道路的道路情况、气象信息等，使得驾驶者能够有效地避开拥堵路段，转向空闲道路行驶，从而提高了道路交通的运转效率。另外，智慧驾驶还能有效地提高驾驶的安全性，如美国俄亥俄州运输部利用 INRIX 的云计算分析处理大数据来了解和处理恶劣天气的道路状况，减少了冬季连环撞车发生的概率。同时，驾驶者还可以通过车载装置等，实时监测驾驶者是否酒精超标、疲劳驾驶等，从而提高安全驾驶。

2. 智慧公共服务

城市居民出行的方式除了驾驶私家车就只能选择公共交通服务，比如公交车、地铁和出租车等。提高公共交通服务的运行效率，让城市居民体会到公共交通的便捷性，减少选择私家车的出行方式，对缓解交通堵塞问题、空气污染问题等均有很大的帮助。因此，各个城市现在都在积极探讨利用大数据实现智慧公共交通服务的建设，比如镇江智能公交、昆山智能公交等。它们将原来的铁皮公交站牌换成了电子站牌，通过电子站牌实时地滚动播放车辆运行状态，可以换乘的信息等；甚至可以通过电脑、手机在家查询公交车的行驶状况、车内客流情况以及推送从出发点步行到车站所需时间等，帮助居民避开高峰期，减少户外等公交的时间。另外，大数据的实时性确保了公共交通服务的连贯性，一旦某个路段出现问题，能够立马知晓情况，快速根据有关情况进行调度处理。

3. 停车诱导

停车诱导就是为了缓解各大城市停车位日益紧张的现状，利用各种技术与方法实现智慧停车功能，如停车场空闲车位查询、停车泊位预约、计费支付等功能。停车诱导通过实时地提供一定区域内的所有停车场的车位空缺情况，为停车者提供停车场地理位置以及可利用的车位数量等信息。比如如果车辆前方进入堵塞地段，停车诱导系统就可提前告知驾驶员附近的免费停车位，可以停车换乘地铁等公共交通避免拥堵。例如，武汉市就建设了武汉智慧停车公共服务平台，实时地帮助停车者停车泊位、为停车线路进行导航，并且实时地监控周边道路信息、明确标注了每个停车场的收费标准，智能地为停车者停车泊位提供帮助。

（二）货物运输中的大数据应用

城市交通拥堵问题除了会影响居民的正常出行之外，对于物品在城市中的流动效率也会有很大的影响，这非常不利于城市的经济发展。同时，城市内部的物流规划混乱无序、配送路线杂乱无章，也会对货物运输效率大打折扣。城市物流拥有货物运输过程中所有的物流数据以及相关数据，利用大数据技术对这些数据进行智能化分析、从整体的角度做出最优路线规划、有效缓解城市货物运输效率低下的问题，从而成为智慧物流。

1. 智能路径规划

车辆的配送路线规划是提升货物运输效率的最关键问题。在货物配送过程中，通过无线传感器实时搜集车辆的行驶路线、油耗等信息，并且根据对交通流量的监控采集分析线路的堵塞状况，实时地调整配送路线。同时，收集到的数据还能作为历史数据，为之后的配送路线提供一定的参考。比如，UPS 利用传感器等设备帮助调度中心监督并优化行车路线，根据过去积累的大数据制定最佳行车路线。当前，学术界也利用物联网大数据对货物运输的路线运用优化算法进行了改进。

2. 智能调度优化

智能调度主要是指利用大数据、物联网技术对于车辆、人员以及货物进行智能化调配，根据当天的配送计划以及配送车辆的存储条件等信息，利用机器学习方法建立车辆调度的优化模型，并且在确定了车辆配送路线之后，对货物按先进后出的原则，对车载方案进行优化。另外，也可以利用大数据对货物数据的分析和预测结果，提前对车辆和车载率进行合理规划，从而增加客户满意度或者避免物流高峰期。例如，亚马逊根据消费者的习惯与鼠标点击预测消费者的购买行动，在消费者下单之前就将货物发出，从而提高顾客服务满意度。此外，还可以通过无线传感器对货物信息和车辆信息的采集，调度中心实时地了解货车的装载率以及货物的配送情况，并且结合交通和天气情况实时地对货车和人员进行合理分配。

3. 实现可视化

为了提升货物的运输效率，除了进行智能的路线规划、智能的调度优化，还需要对货物运输的整个环节进行实时可视化监控，来提高整个货运物流的稳定性和安全性。例如，宁波智慧物流平台为企业搭建了可感知的供应链平台，实时跟踪提供人车货的可视化服务以及智能分析与优化服务。比如用户购买高档牛肉，牛肉从农场的宰杀冷冻、运输过程到最终到达卖场，整个过程都是可视化、可追溯的，从而保证了食品的品质，也提高了货运的稳定性，此外，对于危险品行业，实时地可视化操作也保证了其运输的安全性。对于危险化学品的运输，事故具有巨大的伤害性，因此需要实时地全景监控，实现人、车、货、道路环境等多角度一体化监控，从而保证运输的安全性以及提供主动预警服务，以便发生事故时及时采取应急处理措施。

三、政府与大数据

政府大数据应用的需求目前有三大方面：一是基于政府数据收集的优势，提供大数据服务，推进政府信息公开；二是基于公众或者企业行为分析，分析和预测经济形势、民主选情、公共服务质量、公共安全监管水平等；三是基于城市物联网数据，对城市基础设施、交通管理、公共安全等方面进行智能化分析和管理。

（一）基于大数据的政府信息公开

DATA.GOV 是美国联邦政府新建设的统一的数据开放门户网站，网站按照原始数据、地理数据和数据应用工具来组织开放的各类数据，累计开放 378 529 个原始和地理数据集。DATA.GOV 网站上很多数据工具都是公众、公益组织和一些商业机构提供的，这些应用为数据处理、联机分析、基于社交网络的关联分析等方面提供手段。如 DATA.GOV 上提供的白宫访客搜索工具，可以搜寻到访客信息，并将白宫访客与其他微博、社交网络等进行关联，提高访客的透明度。

同时，政府推动大数据开放，能够带动更多相关产业飞速发展，产生经济效益，增加就业岗位。

（二）基于大数据的公众行为分析

1. 宏观经济形势的分析和预测

联合国引用美国数据分析软件公司 SAS 的研究数据，以爱尔兰和美国的社交网络活跃度增长作为失业率上升的早期征兆。在社交网络上，网民们更多地谈论"我的车放在车库已经快两周了""我这周只去了一次超市""最近要改坐公交和地铁上班"这些话题时，显示出这些网民可能面临着巨大的失业压力，这些指标是事业预测的领先性指标；当网民开始讨论"我要出租房屋""我这个月买了一点点保健品""我准备取消到夏威夷的度假"这些话题时，显示出这些网民可能已经失业，面临巨大的生存压力，这些指标是失业后的标志性指标。通过这样的数据分析，帮助政府判断失业形势，提供更多失业救助的政策。

政府将大数据分析用于经济预测的例子还很多，需求也很大。IBM 日本公司的经济指标预测系统，从互联网新闻中搜索影响制造业的 480 项经济数据，计算出采购经理人指数 PMI 预测值。金融危机前，工业和信息化部委托了一项研究课题，根据阿里巴巴、中国制造网等 B2B 网商的电子商务交易数据，判断电子商务系统能否提前 1~2 个月分析预测宏观经济走势，研究结果表明，阿里巴巴出口指数确实对当季海关出口总额的变化有先期预警效果。

2. 公共安全监测和分析

美国国家安全局和联邦调查局棱镜计划（PRISM）通过进入微软、谷歌、苹果、雅虎等九大网络巨头的服务器，监控美国公民的电子邮件、聊天记录、视频及照片等资料，名义是保障公共安全、反恐怖。另据报道，美国国家安全局拥有一套基于大数据的新型情报收集系统，名为"无界爆料"系统，以 30 天为周期从全球网络系统中接收 970 亿条信息，通过比对信用卡或通信记录等方式，可以几近真实地还原重点人的实时状况。

（三）基于大数据的城市智能化管理

1. 城市基础设施实时监测与分析

大数据应用于城市交通道路、大气环境等的预测性分析和诊断，比如根据交通道路传感器获得的大量数据预测性分析常见故障，并根据监测数据比对进行交通道路维护。视频监控技术已经被广泛地应用在交通管理、社区安保等城市生活的各个方面。视频监控设备所采集的海量视频数据记录着城市中居民生活的分分秒秒，在数字空间中形成了对物理城市的虚拟"映像"。通过这种手段对采集到的数据进行分析和理解，实现感知城市的交通运行状况，为市民提供交通引导、导航、推荐等智能服务。通过对城市基础设施实时监测来感知城市的总体交通状况、分析全市交通的统计行为特征，建立分析模型，为具体的智能交通应用提供数据分析与交通状态评估支撑。

2. 城市治安管理的电子化应用

大数据管理不仅是简单的计算机化管理，也不是应对信息挑战的技术解决方案，而是政府的一项战略。政府必须改变过时落伍的信息管理能力，通过大数据平台进行恰当地管理、建模、分享和转化，从中提取有效信息，并以最恰当的方式做出更加前瞻性地决策，为民生相关者做好服务。比如纽约市的社会治安治理，社会治安曾一度是纽约市政府最棘手的问题，每年要花费大量财政经费在警察和警务装备上。而随着电子政务化的进一步深化、详尽犯罪数据的进一步开放，不仅开发出了提示公众避免进入犯罪高发区域和提高警惕的手机应用，从而降低犯罪发生的概率；而且还能将犯罪记录信息和动态交通数据结合起来，起到指导调配警力的作用。

四、电信业中的大数据应用

在网络时代，运营商是数据交换中心，运营商的网络通道、业务平台、支撑系统中每天都在产生大量有价值的数据，基于这些数据的大数据分析为运营商带来巨大的机遇。目前看，电信业大数据应用集中在客户行为分析、网络优化、商业智能应用等方面。

（一）客户分析

运营商的大数据应用和互联网企业很相似，客户分析是其他分析的基础。基于统一的客户信息模型，运营商收集来自各种产品和服务的客户行为信息，并进行相应的服务改进和网络优化。如分析在网客户的业务使用情况和价值贡献，分析、跟踪成熟客户的忠诚度及深度需求，包括对新业务的需求，分析、预测潜在客户，分析新客户的构成及关键购买因素，分析、监控通话量变化规律及关键驱动因素，分析欲换网客户的换网倾向与因素，并建立、维护离网客户数据库，开展有针对性的客户保留和赢回。用户行为分析在流量经营中起重要的作用，用户的行为结合用户视图、产品、服务、计费、财务等信息进行综合分析，得出细粒度、精确的结果，实现用户个性化的策略控制。

（二）网络优化

网络管理维护优化是进行网络信令监测，分析网络流量、流向变化、网络运行质量，并根据分析结果调整资源配置；分析网络日志，进行网络优化和故障定义。随着运营商网络数据业务流量快速增长，数据业务在运营商收入占比不断增加，流量与收入之间的不平衡也越发突出，智能管道、精细化运营成为运营商突破困境的共识。网络管理维护和优化成为精细化运营中的一个重要基础。面对信令流量快速增长、扩展困难、成本高的情况，采用大数据技术数据存储量不受限制，可以按需扩展，同时可以有效处理达 PB 级的数据，实时流处理及分析平台保证实时处理海量数据。智能分析技术在大数据的支撑下将在网络管理维护优化中发挥积极作用，网络维护的实时性将得到提升，事前预防成为可能。比如通过历史流量数据以及专家知识库结合，生成预警模型，可以有效识别异常流量，防止网络拥塞或者病毒传播等异常。

（三）商业智能应用

全球移动数据流量的爆炸式增长给电信运营商带来了前所未有的挑战，但基于这些数据的商业智能应用将会给运营商带来巨大的机遇。为此，中国联通、中国移动、中国电信三大运营商加速推进了大数据应用的商业智能应用。中国联通已经成功将大数据和 Hadoop 技术引入移动通信用户上网记录集中查询与分析支撑系统，率先提供了用户上网记录的清单查询服务。同时，该大数据项目也为中国联通的移动互联网业务精细化运营、流量提升、移动网网络规划和优化提供了有效支撑。另外，中国移动部署了分析型 PaaS 产品，利用 BC-Hadoop 构建大数据处理平台，同时建设了并行数据挖掘系统以及商务智能平台等大数据应用平台，为将来在大数据应用和服务市场做了充分准备。结合大数据技术，中国电信将深入互联网数据中心（IDC）服务以及智慧城市建设，并发掘移动互联网与之结合的商机，重塑转型之路。

五、能源业中的大数据应用

高油价和高电价让可持续能源议题持续发烧，也使得大数据分析在能源产业的重要性与日俱增。能源业涵盖从勘探、生产和运输石油及天然气等能源的公司，到负责发电和供电的电力公司，其中不少企业已经装设智能化的监测设备，实时收集大量的作业数据进行仿真分析，以提高生产力、降低成本，并实施评估设备稳定度，防止运作中断或发生事故。能源行业大数据应用的需求主要有智能电网应用、跨国石油企业大数据分析、石油勘探资料分析、能源生产安全监测分析等方面。

（一）智能电网应用

智能电网大数据应用主要有智慧电表和智慧发电系统两个方面。在智能电网中，以液晶显示器呈现用量的智慧电表，除了可以呈现每一户详细用电量的变化之外，还可以通过不同的电价方案，促使用电户自发性降低电能使用，或选择在电费比较便宜的非高峰时段使用洗衣机或洗碗机等高耗电量的家电。另外，智慧电表不仅可以调节用电模式，还可以结合第三方开发新的消费应用层面。例如，帮助消费者进行在线用电管理，或是建立 GPS 和电表之间的联系，这样用户就能在回家前 20 分钟发送指令，预先打开家里的空调。

智慧发电系统指利用大量可再生能源，如风能、太阳能和水能被投入电力系统，让发电端出现了新的变量。例如，丹麦的风力发电机组厂商 Vestas Wind Systems A/S 是全球最大的风力发电机供货商，风力机的选址和配置却是非常棘手的问题，于是 Vestas 部署了一个新的超级计算机平台，运用专门处理大量结构和非结构数据的分析技术，让工程师可以更准确、更快速预测特定区域的气候模式，以找出发电量最高的位置。Vestas 利用大数据分析平台，加入卫星空照图、过去 10 年前后数据、全球森林砍伐指数及地理空间、月亮、潮汐变化等参数，分析变量暴增为好几百个，只需 3 天就能计算出选址结果。

（二）石油企业大数据分析

大型跨国石油企业业务范围广，涉及勘探、开发、炼化、销售、金融等业务类型，区域跨度大，油田分布在沙漠、戈壁、高原、海洋，生产和销售网络遍及全球，而其 IT 基础设施逐步采用了全球统一的架构，因此他们已经率先成为大数据的应用者。例如，雪佛龙公司面对海量大数据率先采用 Hadoop 等大数据技术，通过分类和处理海洋地震数据，预测出石油储备状况。另外，石油企业在石油开采的每一个环节都是信息非常密集的。以油气勘探为例，石油企业必须收集油气层上方每个位置的地质数据，有系统地整理，再利用已知点的数据推论位置点的特性，尽可能描述整个油气田的动态。业界也因而出现了"数字油田"的新名词，指的是在探钻过程中广泛收取和分析数据的新型营运模式。企业会在探勘设备和运输管线上大量安装传感器，以实时提取数据，并利用高速通信和数据挖掘技术，远程监控和随时调整并作业。

六、制造业中的大数据应用

制造业经常是带动一个社会发展转型的火车头，也是经济增长和就业市场的中流砥柱。在成本较低的新兴国家生产力跃进之下，制造业早已成为全球性的产业。近年来，由于资讯科技发达和贸易障碍减少，各生产针对制造过程中某些环节发展专业能力，厂商为了节省成本，跨国设计、采购、组装、制造、再制、营销和服务的生产网络远比过去扩散和零碎，复杂度更甚以往。若要进一步提升生产力，就必须设法善用数据来加强价值链的效率。因此，制造业大数据的分析主要是应用在产品研发与设计、供应链管理、生产过程以及售后服务等环节，以加强价值链。

（一）产品研发与设计

在产品研发与设计环节，主要是根据历史数据对产品需求进行分析预测，以便提前对产品的设计做出改进。大数据在客户和制造企业之间流动，挖掘这些数据能够让客户参与到产品的需求分析和产品设计中，为产品创新做出贡献。例如，福特福克斯电动车在驾驶和停车时产生大量数据。在行驶中，司机持续地更新车辆的加速度、刹车、电池充电和位置信息。这对于司机很有用，但数据也传回福特工程师那里，以了解客户的驾驶习惯，包括如何、何时及何处充电。这种以客户为中心的场景具有多方面的好处，因为大数据实现了宝贵的新型协作方式。司机获得有用的最新信息，而位于底特律的工程师汇总关于驾驶行为的信息，以了解客户，制订产品改进计划，并实施新产品创新。

（二）供应链管理

在供应链环节，企业需要对供应链体系不断优化完善，通过供应链上的大数据采集和分析，以市场链为纽带，以订单信息流为中心，带动物流和资金流的运动，整合全球供应链资源和全球用户资源。而且，企业需要根据供需预测，不断调整改善供应链中的某些流程。日本一家照明用具制造商为了改善货物延误的状况，建立了一套全球整合的供需管理系统，利用大数据分析技术以简单的可视化方式呈现影响供需的各项因素以及非预期性的事件或意外等。韩国第二大饼干和糖果制造商海泰制果为了改善由于供需预测偏差而导致存货过多的问题，导入了一套可在线分析处理数据的商业智能和分析平台，使得海泰能够精准地预测销售量，而且几乎立刻就可随市场需求和趋势的变动调整生产规划。

（三）生产运营环节

在产品的生产运营环节，需要将人力、生产线等厂房管理的数据以及外部环境信息以简单的图、表或指标的方式呈现出来，以便管理人员及时掌握各个环节的绩效并快速地采取行动。对于生产管理过程来说，实时数据分析能力能让生产线上的各种蛛丝马迹都纳入预测，并不断进行实时优化，以减少重复错误所导致的成本与时间耗损。另外，运用机动性的任务规划和排程工具，以及先进的模拟技术，找出最恰当的排列组合方式，提高整体的生产效率和生产量。

（四）售后服务

在产品的售后服务环节，无所不在的传感器技术的引入使得产品故障实时诊断和预测成为可能。在波音公司的飞机系统的案例中，发动机、燃油系统、液压和电力系统数以百计的变量组成了在航状态，不到几微秒就被测量和发送一次。这些数据不仅是未来某个时间点能够分析的工程遥测数据，而且还促进了实时自适应控制、燃油使用、零件故障预测和飞行员通报，能有效实现故障诊断和预测。

参考文献

[1] 任友理. 大数据技术与应用 [M]. 西安：西北工业大学出版社，2019.

[2] 姚树春，周连生，张强，等. 大数据技术与应用 [M]. 成都：西南交通大学出版社，2018.

[3] 李少波. 制造大数据技术与应用 [M]. 武汉：华中科技大学出版社，2018.

[4] 任庚坡，楼振飞. 能源大数据技术与应用 [M]. 上海：上海科学技术出版社，2018.

[5] 胡沛，韩璞. 大数据技术及应用探究 [M]. 成都：电子科技大学出版社，2018.

[6] 朱利华. 云时代的大数据技术与应用实践 [M]. 沈阳：辽宁大学出版社，2019.

[7] 李佐军. 大数据的架构技术与应用实践的探究 [M]. 长春：东北师范大学出版社，2019.

[8] 韦鹏程，施成湘，蔡银英. 大数据时代 Hadoop 技术及应用分析 [M]. 成都：电子科技大学出版社，2019.

[9] 何克晶. 大数据前沿技术与应用 [M]. 华南理工大学出版社，2017.

[10] 娄岩. 大数据技术应用导论 [M]. 沈阳：辽宁科学技术出版社，2017.

[11] 梁凡. 云计算中的大数据技术与应用 [M]. 长春：吉林大学出版社，2018.

[12] 黄冬梅，梅海彬，贺琪. 案例驱动的大数据原理技术及应用 [M]. 上海：上海交通大学出版社，2018.

[13] 李聪. 公共安全大数据技术与应用 [M]. 长春：吉林大学出版社，2018.

[14] 黄冬梅，邹国良. 大数据技术与应用海洋大数据 [M]. 上海：上海科学技术出版社，2016.

[15] 刘红英，刘博，李韵琴. 大数据技术与应用基础 [M]. 北京：海洋出版社，2016.

[16] 齐力. 公共安全大数据技术与应用 [M]. 上海：上海科学技术出版社，2017.

[17] 大数据战略重点实验室，连玉明. 大数据 [M]. 北京：团结出版社，2017.

[18] 张绍华，潘蓉，宗宇伟主编. 大数据技术与应用大数据治理与服务 [M]. 上海：上海科学技术出版社，2016.

［19］陈伟杰，石少岩. 编组站大数据网络技术应用［M］. 北京：中国铁道出版社，2016.

［20］陈明. 大数据技术概论［M］. 北京：中国铁道出版社，2019.

［21］何林波. 网络测试技术与应用［M］. 西安：西安电子科技大学出版社，2018.

［22］陈健，金志权，许健. 计算机网络基础教程［M］. 北京：中国铁道出版社，2015.

［23］贺忠华，黄勇. 计算机基础与计算思维［M］. 北京：中国铁道出版社，2016.

［24］袁家政. 计算机网络［M］. 西安：西安电子科技大学出版社，2016.

［25］郑逢斌. 计算机科学导论［M］. 开封：河南大学出版社，2016.

［26］徐洁磐. 计算机系统导论［M］. 北京：中国铁道出版社，2016.

［27］罗琼. 计算机科学导论［M］. 北京：北京邮电大学出版社，2016.

［28］初雪. 计算机信息安全技术与工程实施［M］. 中国原子能出版社，2019.

［29］金平国，徐迪新. 计算机应用基础［M］. 江西高校出版社，2017.

［30］朱扬清，罗平. 计算机技术及创新案例［M］. 北京：中国铁道出版社，2015.

［31］王国才，施荣华. 计算机通信网络安全［M］. 北京：中国铁道出版社，2016.

［32］蒋丽. 计算机网络技术与应用 第2版［M］. 北京：中国铁道出版社，2013.

［33］余上，邓永生. 计算机应用技术基础［M］. 重庆：重庆大学出版社，2016.

［34］冯寿鹏. 计算机信息技术基础［M］. 西安：西安电子科技大学出版社，2014.

［35］陈志峰. 计算机信息技术应用教程［M］. 北京：中国铁道出版社，2015.